周蓓 主編

專題史叢書

(美)李貝 著

河南人民出版社

西洋科學史

本書敘述了西方科學的發展史，簡要論述了科學的起源、科學理論的應用、科學方法、各學科之相互關系、科學家、科學與社會、科學與教育等諸問題，旨在爲有興趣的青年人提供學習的門徑。概念清晰，語言古樸，是中國關于西方科學史的第一部譯著

圖書在版編目(CIP)數據

西洋科學史 / (美)李貝著; 尤佳章譯述. —鄭州 :
河南人民出版社, 2016. 10(2017. 7 重印)
(專題史叢書 / 周蓓主編)
ISBN 978-7-215-10456-3

Ⅰ. ①西… Ⅱ. ①李… ②尤… Ⅲ. ①科學史-西方國家 Ⅳ. ①G3

中國版本圖書館 CIP 數據核字(2016)第 256609 號

河南人民出版社出版發行
(地址 : 鄭州市經五路 66 號　郵政編碼 : 450002　電話 : 65788063)
新華書店經銷　　河南新華印刷集團有限公司印刷
開本 710 毫米×1000 毫米　1/16　印張 15.5
字數 163 千字
2016 年 10 月第 1 版　　2017 年 7 月第 2 次印刷

定價 : 100.00 圓

出版前言

中國現代學術體系是在晚清西學東漸的大潮中逐步形成的。至民國初建，中央政治權威進一步分散和削弱，加之新文化運動帶給國人思想上的空前解放，新學的啓蒙，新知識分子的産生，民國學術如草長鶯飛，進入一個自由而蓬勃的時代。中國傳統學科乃中國學術之根基與菁華所在，民國學人采用『取今復古，别立新宗』之方法，引入西方的學術觀念，積極改造，使史學、文學等學科向現代學術方向轉型。此外，大力推介西方社會科學的新學科和自然科學，在學習、借鑒乃至移植西方現代學術話語和研究範式的過程中，逐漸建立中國現代學科，使中國的學科門類迅速擴展。一時間，新舊更迭，中西交流，百花齊放，萬壑争流，開創了中國現代學術的源頭。

伴隨知識轉型和研究範式轉换而來的，還有學術著作撰寫方式的創新。中國古代的著作向來以單篇流傳，經後人整理匯編後，方以成册成集的面目出現并持續傳播。直到十九世紀末，東西方的歷史編撰體裁不外乎多卷本的編年體、紀傳體和紀事本末體等，章節體的出現標志着近代西方學術規範的産生和新史學的興起。章節體具有依時間順序，按章節編排；因事立題，分篇綜論；既分門别類，又綜合通貫的特點。以章、節搭建起論述之框架，結構分明，邏輯清晰，較傳統的撰寫體裁容量大、系統性强。它的傳入，使中國現代學術體系從内容到形式被納入了全球化的軌道。民國時期專題史的研究、譯介、編纂、出版恰恰是在這樣的背景下欣欣而發，是學術的實驗場，也是歷史的記録儀。編選『民國專題史』叢書的初衷正是爲了從一個側面展示中國學術從傳統向現代過渡的歷史進程。

專題史是對一個學科歷史的總結，是學科入門的必備和學科研究的基礎，也是對一個時代艱深新鋭問題的解答，是學術研究的高點。民國專題史著作中，既包含通論某一學科全部或一時代（區域，國别）的變化過程的，又囊括對一時代或一問題作特殊研究的，還有少部分是對某一專題的史料進行收集的。原創與翻譯并重，翻譯的底本大多選擇該學科的代表著作或歐美大學普及教本，兼顧權威性和流行性，其中日本學者的論著占據了相當比重。日本與中國同屬東亞儒家文化圈，他們在接納西方學術思想和研究模式時，已作了某種消化與調適，從思維轉换的角度看，更便于中國借鑒和利用，他們的著作因而被時人廣泛引進。

與當代學術研究日趨專業化、專門化、專家化的『窄化』道路迥乎不同的是，中國傳統學術崇尚『學問主通不主專，貴通人不尚專家』的通識型治學門徑，處于過渡轉型期的民國學術在不同程度上保留了這種特徵。民國學術大師諸學科貫通一脉、上千年縱横捭闔之功力自不待冗言，外交家著倫理政治史、文學家著哲學史、化學家著戰争史等亦不乏其人，民國專題史研究呈現出開放、融通、跨界撰述的特點。與此同時必須看到，自晚清以來，中國的命運就在外侮屢犯、内亂頻仍的窘境中跌宕彷徨，民族存亡仿若命懸一綫。這股以創建學科、總結經驗、解决問題爲指歸的專題史出版風潮背後，包裹着民國學人企望以西學爲工具拯民族于衰微的探索精神，及以學術救亡的愛國之心。梁任公曾言：『史學者，學問之最博大而最切要者也，國民之明鏡也，愛國心之源泉也。』這種位卑未敢忘憂國的歷史使命感和國民意識是今人無法漠視和遺忘的。

『民國專題史』叢書收録的範圍包括現代各個學科，不僅限于人文社會科學，學科分類以《民國總書目》的分科爲標準，計有哲學、宗教、社會、政治、法律、軍事、經濟、文化、教育、語言文字、中國文學、外國文學、中國歷史、西方史、自然科學、醫學、工業、交通共19個學科門類。本叢書分輯整理出版，内不分科，單本發行，方便讀者按需索驥。既可作爲大專院校圖書館、學術研究機構館藏之必備資源，也可滿足個人研讀或興趣之收藏。

與目前市場已有的一些專題史叢書相比，『民國專題史』叢書具有規模大、學科全、選本精、原版影印的特點。本叢書選目首重作者的首創、權威和著作影響力，尤其注重選本的稀見性。所謂稀見，即建國後没有再版，且多數圖書館没有收藏，或即便有收藏，也是歸于非公開的珍本之列予以保存，普通讀者難以借閲。部分圖書雖有電子版，但作爲學術研究的經典原著讀本，紙質版本更利于記憶和研究之用。本叢書精揀版本最早、品相最佳的原版圖書作爲底本，因而還具有很高的版本收藏價值。

『民國專題史』的著作是民國學者對于那個時代諸問題之探究，往往有獨到之處，無論其資料、觀點短長得失如何，要之在中國現代學術史的構建與發展進程中，自有其開宗立論之地位。

西洋科學史吳序

人也是宇宙大自然裏產生出來的一樣東西。但他能參透了大自然，弄起狡獪來，與大自然競爭着創造的功能所以他就算得是一個大自然裏的怪物。不過他修鍊到能夠對大自然使弄狡獪，也並不容易。你看他從一條猴子，轉變到人，頗要得幾千萬年。變得算是人了，依舊同猴子一般，在大自然裏混同夾賬的過度過去又幾百萬年。從此纔同五六歲的小孩一般，把石塊做成什麼老石器新石器，又是幾十萬年。於是鬼畫大王的造起什麼文字來，入了我們叫做歷史時代，就仰觀天文，俯察地理，方纔對大自然能開起頑笑。他的惟一原因，就是把雞卵大一塊腦子，變成到拳頭大，纔能耀武揚威起來，向大自然咄咄逼人的發揮。而且清清楚楚的歷史止有三千年光景，已經從「迅雷風烈必變」的程度，突然進步到能夠顯出呼風喚雨，飛行絕迹，水遁火遁的本領。所以進步的加速力，加起圈子來。乃是依了幾何級數加着的。恐怕再過三百年，大自然將一齊降服，上帝要下詔退位，把宇宙的領導權讓給人了。但可憐同一樣的人，同有拳頭大腦子的，我們還止有殺人放火的膽量，不曾敢戳穿上帝的西洋景，同大自然拼性博命。這坐不知讀得洋鬼子的科學歷史，以為西洋的科學，是上帝特別賦與，我們同他們，是各走一條路，走不到一起的。倘使有人替我們將眼睛把竹絲撐大了，叫我們一讀西洋科學史，方纔明白人家並不曾有特別賦與的天性，世界上也並不曾有兩條路；無非分個努力不努力，一則錯認有產階級與無產階級都被大自然所命定的，一則敢於衝破大自然認定人類要享受到什麽地位都不成問題罷了。余剛是這麽想，尤先生剛以西洋科學史眞正的刋贈吾人。余喜極，不管瞎三話四，把所想的寫在他們的卷首，也算做一個序子。

中華民國十七年，五月，吳敬恆。

西洋科學史蔡序

昔者英國大哲學家培根提倡科學，謂非從科學史著手不可；於是擬定一自然科學分類史書目，凡一百三十種，——舉凡天地現象、理化、礦植、醫藥、心理、教育、社會，莫不賅備。培根以後，歐洲科學勃然以興，名家林立，究其源，則培根之功不可掩也。何也？為學之道，博學而后能精，温故而后知新，在科學尤然；而博學温故莫善於史——此培根編史之議，所以為西洋科學進步之一大動力也。

歷來於科學有發明者，非眞具特創之才也，其所發明必有其所依據。居禮夫人之發見銧原質，完全根據於柏克勒爾以放射性為燐光作用之假設（見本書第十八章）。又如海王星之發見，以威廉爵士之發見天王星為其先驅，而後有勒未累與亞當斯相繼發表海王星之距離（見本書第十四章）。哥侖布之發見美洲，有地圓之說為之先；斯蒂芬孫之發明火車，有瓦特之發見蒸汽壓力為之導。事之類此，何可勝舉？所謂温故而知新者是矣。

科學中有所謂歸納法焉。歸納者，由博而之約之謂也。昔達爾文倡「物競天擇，適者生存」之說，以名於世。其為此言，實得力於五載之航遊。當其出遊時，遍歷異邦，所見動植礦物，何止千萬？而人情風俗，處處足以增長其見識；見聞既博，乃歸納而成此前人所未發、歷萬古而不磨之至論，——此豈非博學之功哉？且達氏嘗曰：『余之工作悉依據於培根之原理，未嘗自立學說，惟採集事實不厭繁多』（見書第十五章）。是知達氏非徒以博學成名，抑亦善於溫故者歟？

夫達爾文之航游，不啻讀一部偉大之科學史；反之，讀一部科學史者，亦不啻作五載之航遊。況乎史之所述，縱追荒古，橫被海澨，又豈遊歷所可及，則讀史而後，其成就不當更偉於達氏也耶？且也以西洋科學淵源之深，用力之巨，政府之提倡鼓勵，民衆之尊崇贊助，實用與理論相輔而並進，遂有偉大之成就，豐厚之內容；一旦筆之於書，輯而爲史，其足以資吾人之揣摩，發吾人之深思者，豈淺鮮哉？

李貝此作，即本斯義，而尤注重於一般之讀者，使科學不必限於專門學者，而人人皆可有相當之科學智識，皆可以藉此奮發而有所貢獻於科學。以吾國科學之幼稚，普通讀者渴望於科學之切，出此書爲西洋科學之介紹，可謂當機。譯者尤君乃專攻工程而兼長文辭者，其譯筆之信實，文采之華美，足與原著並傳。他日國內科學之進步，其將以此爲嚆矢乎？

中華民國十七年五月十二日，蔡元培。

西洋科學史馮序

凡治一種學術，而欲有所發明，則必知前人治之之情狀，明其致力程功之迹，然後不至空耗日力，而有徘徊岐路之悲：是科學史之所以爲治科學者必讀之書也。此類書，諸國學者撰著頗多：就余所見，有爲編年體者，有爲傳記體者，有分科記述者。同學尤智表君所譯李貝氏書，則獨創一格，注重在各時代科學發展之特色：依此標準，分章論列；復擇當時最偉大之科學家足以代表一時思想者，述其學說，而兼及其生平：提綱挈領，要言不煩，洵爲具有翦裁之作。讀此一過，於數千年科學發展之情形，當能得其大概。進而讀編年體，傳記體，或分科敍述體之科學史，將有左右逢源之樂矣！尤智表君譯畢付刊，問序於余，輒書所見以歸之。

中華民國十七年五月十五日，馮翰飛序。

西洋科學史自序

譯書非易事也。我國譯書之古者，無過內典，其譯場規模之宏，分工之細，世所罕觀。而其中譯事最精者，世稱羅什。什師少有宿慧，通華梵文，其文學具創造才，經義有非華語可達者，每能特創語法，自然成誦。故佛經文字，在我國文學界中自樹一幟，風格特異，其潛力之及於文學者至偉。

近之談譯事者，每曰信、達、雅，然如內典而外，幾見我國譯作有合乎此三條件者？每見所謂名家譯本，文似唐宋，體近駢儷，雅則雅矣，然與原著對觀，判若兩書；亦有自稱意譯，信筆揮灑，條暢自如，達到達矣，然核其原文，面目全失：譯書如此，何若自作？更有號爲直譯，句語格調，悉成歐化，信則信矣，然字譯而文未譯，非稍習歐文，不能卒讀，如此譯書，何如不譯？此無他，信、達、雅三者，固有不得而兼者在，故譯者往往得其一而遺其二。余以此知譯書之誠非易事也！

夫所謂信者，傳神爲上，寫意次之，譯字爲下。今之譯字不譯文者，美其名則曰歐化，實則拙筆也。原意不失，分量相等，斯得爲寫意；既寫意矣，又能摹其神韻，發其精蘊，斯爲傳神。然各國文字不一，其辭意之範圍，安能銖兩悉等，以是譯人雖博學，亦往往棘手，竟日不得下筆。其善譯者，乃不得不放膽創造，以求其意愜而神似。是故欲求譯事之信，實無創造才者不足以語此。達與雅亦然，無創造才者不足以語於雅達。世之譯者創造力弱，故每見信者不達，達者不雅，一若三者之眞如矛盾，必不能並全者，此其才之不能全也。是故惟有創造才者爲能信，惟能信者爲能達，惟能達者爲能雅。然而世之如羅什者幾何人？豈非譯事之不易爲耶！

或曰：『信與達固爲譯書之必要條件，雅則何有？且如語體文，既無所謂雅，亦無可爲雅。』不知信達雅者，即眞善美也。文而信達，則眞而善矣，獨不求其美乎？無論文言語體，莫非文學，莫不有其美，亦莫不可以爲美，惟秀雅優美之文學，斯讀者之愛之也切，感之也深。故譯書可不必求如六朝文之雅，而不可不求優美之雅。

且也譯筆之優劣，尤爲傳播學術之一大關鍵，盛衰榮枯，胥賴於此。姑就佛教言之，其傳入我國也，始於漢，而盛於唐，東方各國，翕然景從，此其功誰歸？曰是羅什玄奘輩譯人之功也。晉唐之間，譯經之規模已具，譯者類能以信達雅之譯筆，發無上之玄義，故能發揚光大，流傳久遠。今科學方移植於中華，苟欲栽之培之，與歐美同其榮華，則有志者不當師譯經之法以譯科學書耶？

此西洋科學史者，譯自美國李貝之書也。我國向無記載科學之文字，故他國皆有所謂『科學的文學，』而我獨無。以向無科學文學之文字，譯彼已成熟之科學文學，其更難於尋常之譯書也可知，其更需乎創造之才也，尤可知矣！譯者不文，而勉以文言譯者，原著近於文言，欲取其相稱也。譯者不才，而所以貿然執筆者，以我國科學幼稚，人但知科學之爲萬能，而不審其內容若何，其萌芽滋長之又若何，其方法之精神與應用之效果又若何，乃不得不勉譯此書，以貢獻於熱烈期望於科學之讀者。心旣迫切，不遑潤色，亦不自知其信也、達也、雅也。

中華民國十七年五月，吳縣尤佳章自序。

西洋科學史原序

科學史之作，所以貢獻於普通之智識界者也。意在使未受學校教育者，得藉此一書而知科學之事實與原理。同時亦可作爲學校之教本。凡於某種事業已充分了解者，譬如現代論述財政之著作家，卽係建立此項事業或與之俱進之人。此其上也。其次則求明白此業之如何發生，然後觀察或加入此業之實際工作，概言之，能詳知事業之淵源者，斯爲知之上也。

科學史者，科學研究之輔助者也。俾學者得隨科學思想之潮流而俱進，且示以學說之主旨與需要，使學者知所取舍。科學史表明科學乃繼續探求眞理之事業，非於發見之後，規立定式，便爲盡其事也。科學乃進步而非固定，活動而非靜止，其發達也，人人得而助之。科學史非以堅固不壞之往代記載，銷毀靑年自動之力也。

學校而欲實行近世教育之二大原則，則必以科學發達之歷史授諸學生。所謂二大原則者，一則各科學應占課程中之首列，二則各個學生，當其思想發展之時，必須誦習文化之歷史是也。

科學史在今日，當較普通史爲注重；蓋培根嘗言，世界史而無學術史，猶神像之失其兩目。科學史之溫故，爲知新故。是乃一繼續進步之歷史。其中傳記資料，至爲豐富，可以證示各科學之相互關係，使學者祛其偏狹之成見。科學史對於研究哲學者，予以純一之進程，對於研究外國語者，予以新穎之興趣。科學史可以鼓勵學者應用其智識，開示現代複雜之文化，助人以發見發明之能力。

科學史與社會階級之意義，適爲相反。科學史表示科學之興，與於日常之需要與職業，其成立賴乎哲學，而足以增益哲學，能產生新工業，而又受新工業之反響。科學史表示各智識階級及各社會階級之人，互相合作，以謀人類之進步。此即智識界與社會和諧一致之根基也。

科學乃國際的，英、德、法、意、俄——各民族——各有其貢獻，以促進此普遍學術。是故考察科學之範圍，可以增加相敬之心，提高人類之感情。科學史可以授諸各宗教各種族之人民，可以使青年男女增益其人類進步之信仰，及對於全人類之善意。

本書爲科學史之初階，意在利用少年人（年在弱冠左右及智力同等者）之興趣，引導之使注意於科學發達之歷史。非敢云博，略示門徑而已。故此書實爲心理的介紹，常留心於某類之讀者，非如論理的介紹，預期學者已具完備之學識，及於科學史早具極大之興趣者也。

結此序言，作者不能不感謝助成此書之諸友——若[1]奧斯勒・威廉爵士，蒙爲通讀初稿，屢承指示；[2]星革・查理博士，通讀各章原稿，關於插圖等頗多建議，獲益匪淺；[3]波德利安圖書館諸位執事，當余在館任事之年，盛情可感；[4]克魯・亨利教授，助余修正二章，多蒙匡正；[5]刺士教授，深明微生之學，於巴士

1. Sir William Osler
2. Dr. Charles Singer
3. Bodleian Library
4. Prof. Henry Crew
5. Prof. J. E. Rush

特一章，蒙予修正；[1]格隆達爾教授，通讀關於物理學史之數章，會有重要之訂正；[2]布拉希爾博士，關於蘭[3]格力・撒母耳之事蹟，承賜材料，彌覺可貴。又波內・佛羅稜薩女士，助余校對稿件，並此致謝。

一九一七年二月二日　　[5]李貝識

1. Prof. L. O. Grondahl
2. Dr. John A. Brashear
3. S. P. Langley
4. Miss Florence Bonnet
5. Walter Libby

西洋科學史目次

西洋科學史

第一章　科學與實用需要——埃及與巴比倫尼亞

設取歐美各國之百科辭書及關於古代科學史——例如天文，地質，幾何，生理，論理，政治等——之專門著作而讀之，即知其於系統的智識之發達，無不力崇希臘人之功業者。夫以彼邦聰明睿智之士，所貢獻於科學之滋長，如次章所述者，固已偉矣。而吾人更不能不承認者，在希臘之文化學術，尚未輸入西方以前，其學術界所受之影響，亦大多自希臘典籍中流傳而來也。

雖然，欲探科學之淵源，自當踵跡於尼羅河之兩岸，與夫底格里斯及幼發拉的兩江之流域矣。今若埃及，亞西利亞[1]，巴比倫尼亞[2]諸國，遠自荒古，即有優秀民族卜居其間，其賦性尚實用而輕理想，崇宗教而薄智慧，故其藝術生活關係於吾人者，且較希臘人之高尚文藝為尤切也。然在埃及之先，復有底比斯[3]，孟斐斯[4]，尼尼微[5]，巴比倫[6]諸古國，其敏慧之智，實用之學，較諸雅典[7]哲學思想之艱澀，亦更易為吾人之心力所能領會也。

1. Assyria　2. Babylonia　3. Thebe　4. Memphis
5. Neneveh　6. Babylon　7. Athens

吾人所承受於古代之文化者，既若是平易而淺顯，故吾人惟有直受之，一如吾人之於水，火，風，光，直認爲是而不加剖析，亦不求其本原，更不復識其爲若何重要矣。夫一星期何以必爲七日，而非八日？一小時何以必爲六十分鐘，又何以不以六十小時爲一日？此等人爲的時間分析，人既直認之而不疑，今欲問其究竟，則在常人視之，必且譏爲不倫矣。吾人之所以承認一星期爲七日，一小時爲六十分鐘者（一若此等分析屬諸自然，如晝夜然）蓋沿襲巴比倫尼亞人始創之制耳。吾人讀舊約一書（人類文化所以能持久而不絕者，此書爲其一大原因，且記巴比倫史，堪爲後世依據者，亦惟此古書）即知希伯來族[1]之遠祖亞伯拉罕[2]，約於西元前二千三百年間，自巴比倫尼亞之南部遷居於西歐。雖在此遙遠之古代，而巴比倫尼亞人已建立此等時間分析之制度，即今日吾人所熟知者也。一星期之七日，與人類對於天體之思想關聯甚密。以今語言之，此七日之名，蓋即取自日月火水木金土之七星，是七星者，曠古以來皆以神明崇之者也。於此可見以七日爲時間單位之用，實出於遠古文化之宗教信仰與天文科學也。此單位之用既建立，如是其完備，故大多數人惟有遵守奉行而已。

又有一盡人皆知之常識——即羅盤之方位基點（指東南西北）——亦爲吾人所直認，而不問不識其重要者。苟非身處異鄉，或遠涉重洋，而於東西定位不易辨識者，則將終其身不信東西南北之智識，於人生實用有若是之重要者矣。抑此方位一事，觀於古代文化之記載，足證當時規定此等科

1. Hebrews　2. Abraham

學要素之困苦。按近世之發掘，明示亞西利亞與巴比倫尼亞之宮殿廟宇，其邊隅方向皆指羅盤之四基點。埃及金字塔建於西元前三千年前，塔基方位至爲精密，度其主旨，蓋欲於砂土易變之地，確立東西南北之方位耳。此言驟聞之，似屬過當；但觀乎腓尼基人[1]之研究天文，祇圖其航海上之實用，以及中國古代之所以發明羅盤，與後世改良羅盤法之所以發見，足以徵信所測金字塔建築主旨之重要矣。人類未知天文以前，行路無定點標準可以依據，直如身處大海中耳。其後智識漸進，仰觀星象以爲指導，而於北極星及永不消滅之北天星族，尤重視焉。埃及人且製一儀器，可參對星位以定時間——其用途與日晷相似，蓋一星鐘耳。埃及人又嘗精密觀察年中每季在拂曉時可見之恆星及星座，而天狼一星特爲重要，當其與太陽同時出沒時，卽爲尼羅河洪水將至之象（對於居民生命頗爲重要），亦新年之起始也。天狼星之所以神祀之者，非無故矣。或云埃及有一廟宇，其建築方位適對東方地平線，及洪水期屆，則天狼上升至此線。又有一廟，據云在夏至日日落時日光適射入屋中。埃及與巴比倫尼亞之廟宇，猶今之天文臺，故其天文學與宗教相關甚切，由此可證天文學之始創出於人民實用需要之說爲不謬。自古人類與自然勢力相奮鬬而積集之此種智識，蓋皆由僧侶爲之保藏也。

幾何之學，發源於尼羅河流域，此人所通知也。而幾何之興所以應實用之需要，卽以幾何之命意言之，卽計量地球之法——乃一種粗淺之測量術，用以恢復每年尼羅河洪水所湮沒之疆界者也。埃

1. Phœnici

及幾何學鮮注意於其理論者。其學專備實用問題之化解，如從平方或三角形田之邊長以計算其面積等。從圓徑之長度求圓田圓器之面積，雖在西元前二千年外已有之矣。此等問題最爲實用，故雖解法不善，亦不得不强爲之解也。其法以直徑自乘減去九分之一得之。

埃及算學就吾人記載所及者，亦有相似之實用的傾向。在廟宇或金字塔之建築，不特須合乎羅盤之基點，且須留意底邊使成直角。此事必請『準繩』[1]專家爲之策劃，以三，四，五單位長度之三繩連成一三角，乃得直角。巴比倫尼亞人之定直角，亦用此法。此外巴人又知一角平分及三等分之法。故在巴人之繪畫及裝飾中，每見圓周等分爲十二分者。然在埃及飾品中，當巴比倫尼亞勢力未侵入以前，則吾人未之見也。

上之事例略舉已足，固無庸多列也；由上述觀之，埃及各種算學之趨勢，均屬實事問題之實用解法——如求面積法，求倉庫廐廩之立方容積，芻包之分配法，求若干人畜在若干時期內所需食物之數量，及求金字塔之比例及傾斜角度等。埃人亦能化解含一未知數之方程式，且有代表百萬數及千萬數之象形字（代表百萬者爲制勝神怪之人像）。

英國博物館所保藏之埃及算學書，爲吾人欲知古代埃及算術，幾何，及其所謂三角代數之主要參考材料。是書自述爲『求獲各事物及各種晦昧神祕事物之智識之教本。』此係西元前約一千六

1. rope fasteners

已發見之最古外科手術圖　埃及,西元前二五〇〇年

百年間——此爲埃及文化之經典時代——某僧手抄本乃錄自前此七百年之古籍者。

醫學一科切於實用要亦爲人類史中發達最早者，因有科學養母之稱，其言甚當。在埃及之醫術記載中，可以推知化學，解剖學，生理學，及植物學之起原。埃及醫學吾人知之最確者，其時期與上述之算學記載相同。在較此更遠之時代，彼埃人確已知之最古之醫家，據史記所載，名愛·恩·赫特普[1]（意爲平安而來者，）約西元前四千五百年間人。據近年考察所得，亦於孟斐斯發見西元前二千五百年前之外科手術圖。其圖見於某埃及王之大臣墓中，係雕刻於墓道入口處之門柱上者。如附圖所示，病者頗感痛苦，按圖中文字一人大呼，『事畢讓余去休，』又一人曰，『毋令傷我者是』吾人於埃及之醫學取材最完善者，莫如亞柏斯[2]紙草書。是書於人體各部之脈息，心臟與他器官之關係，及呼吸入肺（及心）之管道，略有敍述。又有病症表一。其大部爲搜輯耳，目，胃病，及消除腫瘤，清瀉穢濁等等之藥方。至於致疾醫疾法，則並無此種趨勢，惟精神病之醫法，似用許多符咒之術爲之。每一藥方必含數藥，此與今日醫術相同者也。其認識之藥共有七百餘種，內有鴉粟，草蔴油，黃連，草地紅花，玉簪花，及其他多種普通藥料植物，並重炭酸鈉，銻，及鉛與銅之鹽類。動物如獅，河馬，鱷魚，鵝，毒蛇，野羊等之脂肪，以相等分量配成藥劑服之，可以壯膽。埃及之醫家，每因感於醫術之興趣，徧搜有機無機諸藥材。按亞柏斯紙草書所載，足證埃人已知甲蟲之出於卵，花蠅之出於蛆，蝦蟆之出於蝌蚪。又藥料之用，爲精密計，用

1. I-em-hetep　2. Ebers

極小之分量稱之。

埃及之精於保藏屍體法者，其保藏之術，在利用普通鹽，酒，香料，沒藥，玉桂等物之保藏性。並用布帛塗以樹膠，以防腐敗作用之侵入。彼輩於施行防腐術時，亦頗明絕端乾燥之功用。其解剖學識，有得自去除臟腑之術者，而大部分則得自其特有之去腦法也。

埃人所採用於其各項工業中之原料，有金，銀，古銅（此銅分析之，得銅錫及少許鉛質等）金屬鐵，純銅，及其氯化物，錳，鈷，礬，銀硃，藍靛，茜草，白銅，白鉛，燈煤。埃及人之提煉鐵礦，可以明證為西元前三千四百年間事。其熔鐵之爐，用足踏皮風箱為鼓風之具。煆鐵（俗稱淬火，一名淬水）之法，亦頗知之，故能製造盔甲刀槍及耕犂工具的鐵器。冶金之外，復諳紡織染色蒸溜等技術。且能製肥皂（以油及蘇打為之）及透明與染色之玻璃，並琺瑯陶器等。埃人擅製革，長繪畫。其他美術亦皆敏巧。建築一事，尤埃人所長，能建立數百噸重之石幢（即方形尖塔），其工程技術可見一斑矣。埃人種植之蔬穀花果，為類甚繁，所畜家畜亦多。因欲滿足其實用之需要，遂有幾何，植物學，化學（英名Chemistry或謂得名於埃及藥草神 Khem）及其他科學之創立。然其實用上之成就，遠在其理論的智識之上也。夫埃及人民，苟能繼亡續統，不令偉大善美之遺教，任其澌滅，則世世以來，必能以愛美，尊貴，及信教之德聞於世也。

歷次在亞西利亞及巴比倫尼亞之發掘，尤以一八四三年後諸次，足使吾人推求古代文化，至西元前四五千年之遠。亞西利亞及巴比倫尼亞之記載，與埃及同，亦僅殘簡斷篇而已，非參以推考，不能知也。然其發見者亦屬基本的切實智識，而非空泛的理論。

巴比倫尼亞之僧侶，早在西元前三千八百年，已以天體爲精密觀察之對體。如一年之長度，一月之長度，四季之來往，太陽在天空中之行徑，行星之運行，日月蝕，彗星及流星之出現，皆研究特精。其研究之動機，一爲計量時間之需要，一爲日曆通書，乃人民所皆欲知者。當時求得者，一年爲三百六十五日有零，一月爲二十九日十二小時四十四分有零。日球之貌似直徑爲黃道七百二十分之一，卽日球在天空中之貌似行徑，含有此直徑七百二十倍也。巴比倫尼亞人亦如埃及人之特別注意於年中各時期，在拂曉時所見之星與星族。此等星座處於環繞黃道兩邊之假設帶上，其名稱與吾人定作黃道之符號者相配當——如天秤宮，白羊宮，金牛宮，雙女宮，天蠍宮，后羿宮等。巴比倫尼亞之天文家又嘗觀見歷年春分（或秋分）之前後相距，常不足一年，以數秒之差。

巴比倫尼亞僧侶研究天體運動之第二動機，乃在預言事實之希望。行星之位置，對於其他天體，時有遷移，因稱之爲使者，或稱爲天使。火星外表，或因其紅色，故遂聯想及於戰事。彗星，流星，及日月蝕，則視爲饑饉災禍，或國主蹇厄之預兆。若個人之命運，則觀其生辰之天象以爲斷。僧侶於此種星相之術，頗喜研究因引起其精密之觀察，且藉宗教之力以保存此天象之記載焉。日月之蝕，往復循環，常有定則，據僧侶之測斷，其週期爲十八年又十一月有零。再自巴比倫尼亞人，吾人可以推得數項最晦昧之宗教的與科學的概念。巴人之說，謂天體之運行，在外表上似屬矯奇，而實皆有嚴整之定律可以統理之也。巴人有一造物神話，其言曰：『其次乃由米羅達[1]按次排列諸星，與日月並列，且予諸星以定律，其律無敢違者。』

巴比倫尼亞人之算學智識，一方面關係於天文，又一方面關係於商業。彼輩所具之計量，稱重，計數之制，已甚發達，此制乃科學思想之要素，吾人可於下文見之。約西元前二千三百年，巴人已有自一至一千三百五十之乘法表，大概用於天文上之計算者。彼無百萬之符號，此與埃人不同處，特觀於聖經（見 Daniell VII: 10）之『萬倍於萬』一語，可知雖百萬以外之數，巴人亦未嘗不知也。其算數之進位，有用六十，亦有用十。小時與分皆分爲六十分。圓周分爲六分，或六倍於六十分。平方及立方表曾發見於巴比倫尼亞之南部，此表須用六十進位解釋之方爲正確，蓋表中有所謂一加四爲八之平方者，意即一之單位爲六十也。巴比倫尼亞人之幾何智識，自其繪事及建築上觀之，足徵非簡陋者所能，此則已於前文見之矣。

據西元前五世紀某希臘史家言，巴比倫無醫家，後又有一希臘史家（在西元前第一世紀）則

1. Merodach

謂巴比倫之大學，設備周至，以是今皆信該校之有醫科矣。按近年考查所得，曾發見一醫師致亞西利亞王之書札，時在西元前第七世紀，其書係交御醫長轉呈者，內敘王之友人犯鼻管出血症，並述醫治之方，又報告一貧民病目可有恢復希望。在同一年代中，尚有數函係述醫官朝見事，吾人且得復見一醫師之名（伊盧・班尼[1]）。其人約在西元前二千七百年，居於巴比倫尼亞之南部。然關於巴比倫尼亞醫學之記載，要以罕默拉皮[2]時代為最饒興趣。罕氏乃先祖亞伯拉罕之同時人也。按亞氏在位時所定之法典，即知巴比倫尼亞之外科醫師確能醫治眼中之白翳。其法凡醫愈者以二十枚銀「什克爾[3]」（等於約瑟[4]賣身為奴之半價，約合國幣十五六元）為酬；如手術不精，因而喪身或失明者，當斷去醫師之兩手為報。

巴比倫尼亞之醫學記載與天文記載同，可為當時迷信盛行之徵。彼謂惡魔能降災於吾人，天神則能治吾人感受之疾病。巴比倫尼亞之醫書中，多為藥方與符咒並用之怪術。僧侶常研究犧牲之肝色，以預測天神之思想——解剖術之研究，蓋即因此而鼓勵者也。又因國家有動物園之設，於動物自然史之研究，自亦有相類之影響。

巴比倫尼亞人者，乃一農商兼擅之民族也。在亞細亞始創閃族[5]帝國之阿卡德・薩爾恭[6]（西元前三千八百年），乃一灌溉田地者之子，而己亦一園丁耳。最後的巴比倫尼亞王之子伯沙撒[7]，嘗為羊

1. Ilu-bani　2. Hammurabi　3. shekel　4. Joseph
5. Semites　6. Sargon of Akkad　7. Belshazzar

毛業之巨賈。在底格里斯與幼發拉的兩江灌溉之地，由發掘所得，可以推想當日農工商之情形，如放債人，進口貨商，顏料商，鏇布工，硝革匠，馬鞍匠，鐵匠，木匠，鞋匠，鑿石匠，象牙匠，造磚匠，瓷器工，陶器工，葡萄酒商，水手，屠戶，工程師，建築師，畫師，雕刻匠，音樂家，及布帛氈毯之商人。凡此皆有所貢獻於此偉大的歷史民族之文化者也。於此文物富饒之中，科學之所胚胎，亦其宜矣。

槓桿，轆轤，鏇床，丁字斧，鋸，鎚，古銅割刀，日晷，水鐘，指時針（一直立之針，可指日之高度）皆當時應用之具也。琢玉之術，在西元前三千八百年已極發達。巴比倫尼亞人嘗採用銻錫合劑之加堅銅，及鉛，玻璃，大理石，金銀等。鐵之應用在與埃及文化接觸以後。其房屋之建築，皆具溝渠之制，在吾人觀之，猶今之新法也。吾人博物館中之樣品，頗因巴人之手工品而益臻豐富；——如西元前二千七百年寫實派之輝綠岩[1]雕像；西元前三千八百年以岩石結晶製成之平凸面透鏡；西元前三千九百五十年間之銀瓶；及西元前四千年左右之純銅羊首。

在此底格里斯與幼發拉的流域之古代民族之記載，今之發掘猶未能完全披露，而專門學者亦尚未有完滿之解釋。距兩江不遠，即有波斯海灣，以宗教精神論，波斯實勝於埃及，以實用上之成就論，亦不亞於埃及也。然此二大古國，俱不足發展其產生於藝術之科學，而達高遠之成就。此一大事業，惟有留待於另一古代之民族，斯即希臘是已。

1. dolerite

參考書目

F. H. Garrison, *An Introduction to the History of Medicine.*

H. V. Hilprecht, *Excavations in Assyria and Babylonia.*

Max Neuburger, *History of Medicine.*

A. H. Sayce, *Babylonians and Assyrians.*

第二章　抽象思想之影響——希臘亞理斯多德[1]

創始於埃及巴比倫尼亞之科學，自希臘注意研究之後，未幾卽顯露其天賦特優之智力。退利斯[2]者（西元前六四〇至五四六年間人）人所通認爲最初之希臘哲學家，而亦希臘幾何學與天文學之始祖也。退利斯爲希臘七賢之一，亦可稱爲古代之佛蘭克林[3]（卞雅明），蓋退氏善賈，以治才聞於世，且以愛好枯寂之眞理爲人所尊。其生處爲米利都[4]，乃小亞細亞濱海之希臘小城也。於此可證退氏之天文學識，實得自巴比倫尼亞。氏嘗經商至埃及，因識幾何。其學非徒步人之後而已，且能進研其眞理，爲之提綱而挈領焉。埃及人之幾何，僅及表面，次元，及面積容積，而希臘人之幾何，則出其抽象之才力，以進究線與角之問題。例如退利斯觀見等腰三角形底邊之兩角爲相等，又二直線互交，其對角亦各相等。及公共之原理既立，氏乃知應用其理，可以化解某種之問題。氏在埃及時，所得請益者，惟僧侶而已。嗣於僧衆前證示其利用金字塔之影以測塔高之法。又復根據其三角形中邊角之關係，創一實用之法，以測舟船離岸之距離。

以退利斯之哲學思想，於天文之學自能扼其要端。吾人自其各別之事蹟觀之，足證其創造之才

1. Aristotle　2. Thales　3. Benjamin Franklin
4. Miletus

能，實受益於巴比倫尼亞也。如一年中之日數，一太陰月中之長度（卽日月會合之期）日球貌似直徑與黃道之關係，日月蝕復見之期，此皆中國與巴比倫尼亞人所久識者也。然退氏之學，足以與起希臘人對於天文之興趣者，厥惟預測日蝕期之一事。此次日蝕約卽西元前五八五年之一次，是嘗阻止米杏人[1]與呂底亞人[2]之惡戰者也。退氏曾勸航海人依大熊星行駛，不若依少熊星爲準，蓋少熊距北極較近。於此亦足證其天文學之研究，一如其幾何學，未嘗不切合於科學智識之應用也。

著作家有主退利斯非哲學家，而爲天文家與工程家者，此言誠然。退氏之純粹理想，吾人知之甚尠。然有一事爲吾人所知者，氏嘗推得一總綱——人多認此爲非非之想——謂萬物皆水。退於此說，頗欲有所補增，且求解釋之道。此說之所以在思想史中有甚深之興味者，蓋此乃變中求常之結果，亦自然界繁複現象中之單純原理也。此抽象的概括見地，（世界發源於鴻濛大水之說，或出於巴比倫尼亞之信仰所假設，或出於埃及僧侶之古訓，）以希臘爲最盛，自來欲發見萬物之原，或萬物之基本者，繼起不絕，而以此說爲其首。退利斯之徒，有訓人以空氣爲基本原理者；惟赫拉頡利圖斯[3]則主變化不息之火氣爲萬物之原，略爲近世宇宙本原論之先導。希臘哲學醫學大家恩拍多克利[4]首倡四元之教——謂地水風火是也。而德謨頡利圖[5]則以不可分之微子或原子爲各種現象之根本，足見退利斯之說，爲希臘抽象思想之起點，而其探求原理與公律之偏好，實影響及於哲學與科學之發達者也。

1. Medes 2. Lydia 3. Heraclitus 4. Empedocles 5. Democritus

信。畢達哥拉斯[1]因退利斯之勸導，習算學於埃及。有謂畢氏亦曾遊歷於巴比倫尼亞者，其說尙屬可信。畢氏與其徒中皆以算學爲哲學且近似於宗教。彼輩嘗發見（其試驗者爲單弦琴乃第一件物理試驗之儀器，此琴有一緊張之弦，上有移動片）樂器之弦，減其長度之半音即變更，又數弦粗細相等，張力相同者，令其長度成 1:2, 2:3, 3:4, 4:5 等之關係時，其所發音調互相和諧。畢氏之徒遂以此理作過當之推測，以爲天體去地之距離，亦當成 1，2，3，4，5 等之比例。其大部分之學說在今日觀之，只是妄想與無根據之推測而已。同時彼輩以爲自然現象統理於簡單數學關係之假設，在科學進行上，確有絕大之影響，然惟此派哲學家爲然耳。今姑不問其數之妄想，是否受埃及僧侶之影響，抑發源於東方諸國，要之畢達哥拉斯派頗熱心於純粹算學也。彼輩於科學與人生實用之關係，每忽視之。舊問題如圓面求方，三等分角，立方倍積諸題，至此始以新精神新氣力而解之。歐幾里得[2]之第一，第二及第四冊之書大多爲畢達哥拉斯之創作。立體幾何之成爲科學，亦出此崇拜數目派之賜也。最初應用幾何於力學者，亦此派之一人（名亞開塔斯[3]，西元前四二八至三四七年間人，爲柏拉圖[4]之友）。吾人於此，復見抽象思想之愛好，及爲科學而研究科學之精神，正與退利斯同，並不妨害最後之實際應用也。

柏拉圖（西元前四二九至三四七年間人）與其他許多希臘哲學家同爲遊歷廣遠者，其足跡所及，有小亞細亞，埃及，及下意大利諸地，此皆畢達哥拉斯勢力最盛處也。柏氏所最喜者爲推測。其所

1. Pythagoras　2. Euclid　3. Archytas　4. Plato

認之世界有二，一爲感覺世界，一爲概念世界。感覺足以惑人；故哲學家寧捨棄感覺之世界而發展其理智。柏氏於其哲學問答中[1]，簡舉教學之法；其目的在教育一班哲學之學者。（所可奇者，柏拉圖手定之課程，原爲一班才智特出之士而規畫者，今仍沿用於歐美學校中以教育數百萬無須專重理智之男女學童。）

柏拉圖在雅典所設之書院門上，書有『不識幾何，毋入此門』之語。柏拉圖之所以重視幾何者，非以其有用於日常人生也，蓋以斯學可以增進學生之抽象思想力，且能訓練其心智俾具正確精彩之思想耳。按柏氏之見解，若吾人不能因是而令其思想自拔於狹隘與物質之束縛者，則幾何學之精彩失矣。柏氏喜於明晰之概念。其主要之科學興趣在天文學與算學。線之定義爲『無闊狹之長度』與建立『相等減自相等，剩餘相等』之公理，皆柏氏所賜於吾人者也。

柏拉圖之所以激動人之研究算學者，其影響甚速，因稱之爲算學家之製造者。歐幾里得當西元前第四世紀之末葉，頗有聲於亞歷山大里亞[2]。歐氏雖非柏拉圖之直接門人，然頗具此大哲學家之見解者也。或云，歐氏有徒適習幾何某題，忽問其師曰，『余習此將何所得乎？』歐乃呼其僕，謂曰，『以六辨士與之，以彼必欲獲利於其學也。』希人雖以活潑敏慧著，然成年之人亦有不甚適合於此抽象之理解者。觀於埃及王托勒密[3]之故事，可以證之。一日，王問歐幾里得，學習幾何，除讀幾何學生之要素[4]一

1. *Dialogues*　2. Alexandria　3. Ptolemy
4. *The Elements*

書外，有否更簡易之方法。歐氏答云，『學習幾何從無捷徑可求。』蓋在書院求學，抽象與玄奧之算學，乃其要素，而亦求學之目的也。且其最後之實用價值，正屬無限，上文已言之矣。柏拉圖嘗有一同伴受氏之指導而工作，以考察截體圓錐在一某平面內所成之曲線。此等曲線——爲橢圓，拋物線，及雙曲線——在以後天文學及力學史中，居重要之地位。復又一柏氏之徒，嘗首作地球圓周之計量。

亞理斯多德者，柏拉圖之第一大弟子也，以西元前之三八四年，生於斯塔齋剌[1]。亞氏出自醫師之家庭，初習醫業時，已注意於自然界之現象。約西元前三六七年，入雅典書院，攻習凡二十年，迄於柏氏之卒。亞氏在院時求學甚勤，然就其幼年教育之性質觀之，固爲天賦的非被動之學生也。柏拉圖謂亞氏常與其師抗論，猶莘莘之小駒，蹴其撫養之母然。此醫師之子，苟哲學家欲令其捨棄感覺之事物，從未不加修改而直受其師說者。亞氏以曾學當時之醫學，故信事物之實有，同時亦吸收其認爲有價值之師說。亞氏以爲科學之所包含，非僅個別之事物而已，亦當進求之以建立總概之原理，然後返而爲實質之研究。亞氏之智，乃一有統系之大智，幾於各部智識，無不有其印跡者。如天文學，地文學，星象學，物理學，化學，地質學，植物學，解剖學，生理學，胚胎學，及動物學，無不因亞氏之教導而益臻宏富焉。他若論理學（卽邏輯學，亦稱名學，）道德學，心理學，修辭學，美學，政治學，動物學（尤如魚類學，）首加以系統的研究者，亦亞氏也。近代大哲學家某氏有言，亞里斯多德常力究可知之事物，務求透澈，並以其

1. Stagira

思考之能力，盡事物之變態。無怪歷代以來，皆以『哲學大家』聞，而爲智識界之導師也。其目的在以自然界有機無機之現象明瞭之，確定之，分類之，而於其當代之智識，則按類而統理之。

亞理斯多德以二十年肄業於柏拉圖之學校後，其論理之才爲之大銳，而普遍之概念，亦增益宏富，所未受於師者，惟不信任感覺之說耳。夫所謂眼識足以欺人者，蓋卽實認眼識所供給之事料，未得確當之推解耳。故正當之智識，在能正用其感覺，正用其理智。科學之進步，恃乎推測與觀察雙方並進。亞理斯多德教人研究之法，先確定其事實，然後求此事實之解釋。苟預測之學理與觀察之事實有異，則此學理必當抛棄之。有謂柏拉圖爲夢想家，亞理斯多德爲思想家，然吾人當審辨者，柏拉圖於自然現象之剖析，及各他項學問，均足顯其天賦之才，至亞理斯多德則每爲其預定之假設所蔽，或且不能以觀察證實其學說。如古之斯塔齋剌人以爲墜物之速率與其重量成正比，又謂人體中橫隔膜之功用，在分隔人與獸之情慾，又言腦之作用在欲反對其心，蓋腦之爲物，成於水土之質，而有去熱之效用者也。他如四元之說——謂冷，熱，乾，濕——由此推論之說，都屬武斷，絕少證實者。從近世研究之觀點視之，卽亞理斯多德之謬誤，亦不難指摘。蓋科學乃進步的，非永久不敝者也。

亞在當時頗受人之譴責，以其學說與觀察之事實相合，正爲時人所斥爲鄙陋者。評亞氏者謂其揮霍祖產，產盡乃投入軍隊，事敗又爲藥商。其於勢力作用之觀察，似係得自家中與工廠中之普通方法者。在亞氏之見解，以爲果實雖成熟，而熱力仍有烹煮之效用。陶土製之器具，因冷化堅後，加熱仍能變形。苛性鉀與鋼之造法，氏亦述及。亞氏於下級動物之研究，頗有可稱，惟氏之考察各種動物，係抱有發見天然的與美觀的事物之希望者。亞氏又嘗以相類之科學的好奇精神，於其問題書[1]中研究槓桿，舵，輪，軸，鉗，天平，横梁，尖劈及其他力學原理。

實際上，吾人於亞理斯多德之爲人，可以見其心智之逾常，能設立明晰之概念，同時又能觀察自然界之萬類。亞氏於自然界之複雜性與一致性，以及豐富之現象與解釋現象之單純定律，皆予同一之尊重。許多普遍的與抽象的概念如（種類，能力，昆蟲學，精靈，極端間之中項，形而上學，星象學，原動力，自然史，原理，三段論法，）皆受亞氏之影響而成爲全世界智識階級人之公產。

柏拉圖乃算學家而亦天文家也。亞氏則爲最先之生物學家，其所著諸書均述動物之歷史，動物之器官，動物之行動，動物之傳種，以及呼吸之作用，生命之與死亡，生命之長短，青年與老年。其心理學與今日者同，乃生物的心理學也。亞氏於其生物學之貢獻中，頗足以表現其特殊之偏好，即抽象與實質同時並行者也。其於生物學中所知之生活方式，在五百種以上。亞氏於細微小節，尤有心得，如海膽[2]、紫貝[3]（即太爾顏料[4]之原料）、蜥蜴[5]，以及電氣鯆[6]之習慣，通稱之捕魚蝦蟆，結巢之魚類，及鯨魚生育之情形，與某種鯊魚等。其於解剖學之主要貢獻，爲描述心之作用，與血管之佈列。時分解人體之事頗遭

1. *The Problem*　2. sea-urchin　3. murex
4. Tyrian dye　5. Chamclon　6. torpedo

反對，亞氏對於人身解剖之好奇心似爲之稍戢，惟於內耳之構造，自咽喉通至中耳之管道，及人腦外部之二膜，知之甚審。以亞氏之才智於觀察現象之細節，自不致有所迷失。故於各物之類別，咸能識其同異。嘗分動物爲二大類，辨鯨與海豚之非爲魚類，識家鴿、木鴿、石鴿、龜鴿之出於同族。氏又說明無脊椎動物之特性，而以八足動物及烏賊魚屬之。在亞理斯多德所定之自然界系統中，人類爲社交之動物，亦全部生物中最高等者，其特性在有某種之回憶理智與思量之能力。吾人之於亞氏，固不能望其以所知之種種動植物加以完全之分類。然觀其宗旨與方法，已不愧爲自然科學之鼻祖矣。亞氏既有觀察事理之巨眼，復有總攬觀察事物之關係之智力。氏嘗按動物齒牙之性質，以爲分類之法，論者謂爲非計，然此種分類之原理，至今仍採用之，由此可見其思想之宏博而周密矣。

亞理斯多德於哲學的推理之外，復參以自然現象之敏銳的觀察力，觀其於生育學與發達學之工作，可以見其一斑。氏知生命之傳遞，當予以專門之研究，蓋此乃各動植物優劣之所繫焉。殘疾之父母可獲優良之子嗣，子女可以肖其祖父母而不肖其父母，胚胎之顯其父母族之特性，僅在其發達終了之時。亞理斯多德嘗就孵卵第四日之雛雞，留意推求其胚胎之發達。然亞氏於動物繁殖之智識，猶不足使其捨棄自然生育之信仰，謂自泥沙泡露而發育之說也。其謬誤之處，曉然可見。如亞氏以鰻鱺爲自然生育者，其一例也。關於鰻鱺生產之習性與情形，至近年之研究，始得完全明瞭。關於生育之理，與其他科學事理同，亞氏之哲學的智力每能爲近世學說之先導，且舉發普通問題，以備後來事實之考查以解決之。

自亞理斯多德之科學工作上所獲之實用效果，爲類甚夥，茲舉一例示之。氏於其某篇著作中，謂地球之爲球形，於日蝕之時，觀其月面之影作弧狀，可以知之。由此可見地球爲球狀，且其體量與天體較，殊爲渺小。又星之見於埃及者，在遠北諸國卽不能見；至於星之在北方諸國，常在地平線上者，自南方諸國觀之，則見其星下落。故知地球不特爲球狀，且亦不大否則在觀察者之位置，遷移既若是之有限，此項現象當不致發生也。此哲學家有言，『赫邱利柱[1]（直布羅陀[2]）與印度實相連接，其間不過一洋之隔耳。』後哥倫布[3]自西班牙航海西行以達東方之舉，卽受亞氏此語之影響也。

茲更就亞氏之觀察言之，計有以下之同等關係，如人之兩臂，四足動物之兩前足，鳥類之翼，魚類之胸鰭，以及其他許多眞理，爲其總概事理之天才所求得者。

在植物學中，亞氏於自然現象，知之甚博，並舉發種種普遍問題，如繁殖營養之情況，動植物之關係等。亞氏有徒曰提奧夫剌斯塔[4]，乃亞氏終身之至友，亦拍立丕對特[5]哲學派之繼承領袖也。提氏學識甚博，於算學，天文，植物，礦物，無所不窺。其所著植物史[6]，述植物種類，數約五百。同時又論植物學之普遍原理，植物之分佈，植物由根葉所得之營養，及棗椰子樹與松節油樹之性別。其植物分類法，不逮亞氏

1. Pillars of Hercules　2. Gilbraltar　3. Columbus
4. Theophrastus　5. Peripatete　6. *History of Plants*

動物分類法之精。其於自然生育之見解，較其師尤爲精透。氏所作論石[1]一書，重實用而乏提絜綱領之精神。其實用之學確受採礦智識之鼓勵，如希臘著名之羅立安[2]礦，爲雅典之銀礦所自取給者，雅典之所以能發展海權，超勝波斯者，卽此礦之財富有以致之也。卽至今日觀於雅典殘餘之古物，若行廊，動軸，金屬渣滓，礦燈及其他用具，於古代工業之景象，可以瞭然矣。退氏於礦植物之藥材應用，亦嘗研究及之。

上文所未及言者，尙有醫學鼻祖之希波革拉第[3]氏（西元前四六〇至三七〇年間人）實用科學與推理哲學之密切關係，可於希氏見之。後期之希臘科學家吾人亦當予以敍述者，有亞利斯他克[4]及喜帕卡斯[5]二氏。於天體去地之相對距離，皆駁斥畢達哥拉斯與柏拉圖之學說，惟敍拉古[6]之阿基米[7]得則主各別的考慮。阿氏生於西元前第三世紀，有古代最大算學家之稱。吾人於氏可見致力於抽象之思想實希臘才智之特點也。氏竟謂種種技術一與日常需要相合，卽成卑下。其興趣在深奧之算學問題。阿氏最足自豪者，莫如計算圓球與其內切圓柱之相對大小。又嘗求得槓桿之原理，遂曰『予我以立足之地，我將移動此地球也。』氏所解圓面積與半徑關係之問題，較埃及人爲精密。阿氏之性格雖喜學理，其工作則頗有實用之價值。嘗應其友西西里[8]王之請，出其才力以發見王冕之是否純金，抑係金與銀之合劑，卒乃獲得一法於工業上應用甚廣。阿氏之名亦常與無終端之螺旋並稱。實則其應

1. *On Stones*　2. Laurium　3. Hippocrates
4. Aristarchus　5. Hipparchus　6. Syracuse
7. Archimedes　8. Sicily

用之計謀聲譽遠著，雖欲專重歷史事實置俗說而不論，亦非易事，氏於西元前二一二年，爲故鄉效力，以抗羅馬，創製戰鬬之機，以解其圍。傳說謂敵人入城後，氏猶兀立深思，求解一算題，而繪其圖於地。俗稱羅馬兵至，阿氏大呼『毋毀我圓形』，言時卽被害。敵將憐其才，以敬禮葬之，並於其墓上，命鐫球體內切圓柱之圖焉。希臘抽象思想既盛，遂令實用之人，雖於學理未能窺其毫末，亦皆知表敬禮焉。

參考書目

Aristotle, *Historia Animalium*; translated by D'A. W. Thompson, (Vol. IV of the Works of Aristotle Translated into English. Oxford: Clarendon Press.)

A. B. Buckley (Mrs. Buckley Fisher), *A Short History of Natural Science.*

G. H. Lewes, Aristotle, *A Chapter in the History of Science.*

T. E. Lones, *Aristotle's Researches in Natural Science.*

D'A. W. Thompson, *On Aristotle as a Biologist.*

William Whewell, *History of the Inductive Sciences.*

Alfred Weber, *History of Philosophy.*

第三章　科學理論次於應用——羅馬：維特魯維阿[1]

維特魯維阿者，一有學之工程師，亦建築家也。維氏在西元前數年，羅馬王奧古斯都[2]在位時，任職於朝。嘗計畫法庭及溝渠之建築，又創製强力之戰鬬機力能發射三四百磅之石。氏於藝術科學皆知其要，常抱職業尊貴之高尚見解，又爲希臘哲學之勤學士也。

吾人所知於維氏者，以其十小册之建築學書（原名 De Architectura, Libri Decem）爲主要，是書於當代學術敍述甚博。維氏之建築學，蓋由其他多種科學發生之學也。純屬實用之人，每因不識其事業之背景，多所掛漏；而純粹理論家則又誤認其實質之影，而因以失敗。維氏書中之理論的與歷史的部分，大多採自希臘之著作家；惟於實用方面，則爲多年職業上富有思想之經驗，以極精審之方法而出之。讀其書者，卽覺維氏嫻於實學，而忽於抽象推理之學；長於射石機之描寫，而短於科學之說或哲學之解釋。維氏既非柏拉圖，亦非阿基米得。乃一國家之賢臣，而自知獲益於大科學家與大哲學家者也。察其著作之才，知其非文學家而爲建築家。其教育以職業爲主，惟許多旁門支流之學識，凡與其業相關者，無不研習，其學問全部，蓋成一和諧之系統者也。

1. Vitruvius　2. Augustus

按維特魯維阿之判斷，為建築家者，須為良著作家，能就其計畫作曉暢之解釋，須為技巧之繪圖家，諳於幾何光學之理，擅於算數，熟於史事，明於物理學與道德之原理，略知音樂（音調與聲學）稍識法律，衞生，或天體之行動定律與其交互之關係。夫建築之學「既建立成就於如是許多之各項科學，余以為習建築者，苟非自幼漸進，以造其巔，則其不能稱為建築之師者無疑也。」

維特魯維阿於阿基米得所謂藝術而與日常需要合，必成卑賤鄙陋之說，頗為不取。反之，維氏之興趣集中於實用；維氏之研習科學理論，正以其有裨於其建築術之用也。幾何學所以助氏梯階之計畫；石之智識，又為創造射石機所必要；法律有用於界線溝渠及合同諸項；衞生可使建築者施其希波革拉第之才智，以選擇房舍之地位，而於空氣水料有相當之注意。維特魯維阿具有羅馬的應用規畫之天才，而非雅典的抽象推理之才也。

其第二冊書始以關於物質本原之各種哲學見解，且論古代人之居住。然其主要文字則為建築材料——如磚，砂石，炭石，混凝土，白石，白堊，木材，水泥。維氏於水泥（即火山之灰合以石灰碎磚而成）一物之著述，足以表見其地質形成之判斷的智識。又所論亞平寧山[1]於雨水及山脈東西部杉之影響，足見其能總攬星象之原理。其真實的總概能力，在維氏之專長於建築原料之學而非物質本原之學也。

1. Apennines

其第五册书与前相类，始论毕达哥拉斯之学说，惟其真实之论题，则为公共建筑物——如宫殿，法庭，戏院，浴场，学校，港湾，船埠等。在戏院中有各种大小之古铜瓶，其排列依照毕达哥拉斯之音乐原理，乃用以增加演员之声音也。（数百年后此法为人误解，是时惟以维特鲁维阿为泰斗，以致极用瓦瓶置教堂地板下。）维氏之言曰，『声音起于呼吸之气流，击于空气，遂感听觉。』其理可比诸石投水中而成波环，惟声音之波不限于一平面耳。然此声音本原之说恐非维氏自创，想系参据亚理斯多德之书也。

其第七册书论内部装饰——如镶嵌地板，石膏模型，漆绘墙壁，白铅，红铅，铜绿，水银（此物可使敝旧之锦绣恢复其金色）以热蜡绘画之蜡画术，乃种种颜色（如黑，蓝，及真与假之紫贝紫色。）第八册论水及水力工程学，温泉，矿水，水平仪器，水槽，建筑，铅管及黏土管。维特鲁维阿未尝不知水自趋平之理，且尝辩明空气必有重量，故抽水机中之水得以上升。在维氏之时，用水槽导硬水，较当时能制之水管为廉。第九册复述几何学与天文学之要素——如黄道之标志，日，月，行星，月之相位，日晷仪之算理分度，及日晷之应用等。读维氏之书者，觉其目的在变其所得于科学研究者而合诸于实用事业；同时亦足证其应用之反向于理论智识，且因新问题之设立，而导之于新款之观念。

其第十册书名建筑学[1]，论机械之理——如风车，绞盘，轴桿，辘轳，起重机，抽水机，火力机，起水之旋

1. *De Architectura*

轉螺旋管水力灌漑輪，水陸行路計程輪，量高梯，攻城器，盾牌陣，射石機，蝎尾鞭，及弩礮等。維特魯維阿於戰鬬機之問題論述尤爲專長，想維氏於西元前四十六年，曾任愷撒・朱理亞[1]之軍事工程師也。至奧古斯都時代，又被任爲弩礮及其他戰機之主管員。氏嘗以其書獻奉此聖君，以抗論羅馬公共建築管理之不善。吾人於其書中，可以想見羅馬民族之生活，其所以能征服世界而統治之者，由其特長於實用事業之才，而短於理論推測之才也。著此書者眞乃羅馬文化之代表，幾於各項事物，不論科學的或智力的，凡羅馬所有，皆係此書自希臘取得者，是書又能選擇一部分之希臘智慧，以適應當時之日常需要。維氏於其建築學之著作中，足以表見其爲勤奮專致之科學學者，故能所之以供其工程上之用也。

當羅馬未受希臘學術影響以前，其於算學，天文，醫藥之研究，所成就者，僅次於無耳。其田地測量之法，遠不如古代埃及幾何學之發達，且其法（與其數碼之制）皆得自伊特剌斯坎人[2]。天文學史在羅馬方面竟無科學成績可記。其紀時也以月，古代紀年，則以釘槌入哲那斯[3]像爲簡單之記數，哲那斯者，古代之日神也。其於日曆亦不能訂立。再羅馬於醫學之發達，更無貢獻可言，故在希臘科學輸入前六百年間，未嘗有一醫家。

看護家庭衞生者，惟醫奴而已，有疾病則祈禱獻奉於諸神，一如原人之舊法以爲抵制，此諸神者，

1. Julius Cæsar　2. Etruscans　3. Janus

皆以爲保護人之康健，或影響身體各部之功用者也。羅馬文化既若是其簡陋，故於希臘學問始倡以前，學校之有否，誠一疑問也。羅馬舊俗女孩由其母教之，男孩則其父教之，或習藝於師而爲之徒焉。

希臘之亡於羅馬，在西元前一四六年，惟前此羅馬之生活與制度，固早已感受希臘之文化矣。時羅馬檢察官伽圖[1]（卒於西元前一四九年）及其他守舊者皆力阻希臘科學，哲學及文化之侵入，而事皆不果。及希臘戰敗，昔爲師傅，今爲學徒，昔爲勝者，今爲俘虜矣。雖然，羅馬人之科學或美術，未嘗占優勝也。祇因國家之需要尤切，其實學遂進益發展，就此一端而言，固自超勝於希臘。若橋樑，舟船，軍用道路，戰鬪機，水槽，公共建築，國家與軍隊之組織，法律手續之規定，法典之編纂施行，皆維持此帝國所必需者也。其應用於房屋建築之直角三角，及埃及巴比倫尼亞人所知之其他物質，並阿基米得確斷比重之法，皆於實用之羅馬人有特殊之興味者也。

愷撒·朱理亞於西元前一〇二至一四四年間，制定改良之日曆。此曆甚爲需要，蓋羅馬紀年以八十五日爲一年，而春分之日非定於適當之時，乃在冬季之中。襄助制定此新式（朱理亞）日曆者，爲一亞歷山大里亞之天文家（名索息澤尼[2]。）其原理根據於古埃及曆法。其法每四年於是年三百六十五日中增一額外之日。羅馬採之，於閏日中，以二日爲同名，因於三月一日前第六日重覆其名，並稱之爲雙日閏年[3]。愷撒於希臘之學頗爲嫻習，以算學及天文學著作家名於當世，嘗計畫帝國測量事

1. Cato　2. Sosigenes　3. bissextile

宜，卒由奧古斯都實行之。

自帝國發展而後，技術人才之需要益感迫切，此顯然之事也。初羅馬無專門教員，亦無專門學校。其後始有建築學及力學之教師。自是國家始設教室以授技術之學，並給教員以薪金焉。最後至西元後第四世紀，國家乃採更進之計畫。羅馬皇帝君士坦丁[1]嘗作書與其臣曰，『吾人所需之工程師，愈多愈善。蓋人才之供給小，則年在十八歲左右之學子，已識普通教育所需之科學者，可因此而引起其工程之研習矣。其父母可免其賦稅，並以優厚之利益供給此學者。』

普林尼長者[2]（西元後二十三至七十九年間人）著有一百科全書，名自然學史，書中事實表格，多直接取材於數百種希臘拉丁之名著。其選擇之原本，如維特魯維阿與拉丁作家之書，迄可返求，其科學輔助技術之趨勢也。例如普氏所舉植物一千種，皆從醫學或經濟的觀點而立論者。此因羅馬人之於動植物，皆喜考察其實用；而其主要之動機，則亦未嘗非愛好眞理所致。普林尼以為植物各有其特殊之功用，故其植物學乃應用植物學也。其自然學史一書既徵引之廣博若是，則其為近世科學之先導，可以必矣。普林尼主地球因空氣之托而懸於空中，而地球之為圓形，可以船桅近陸較船身先見之理證之。氏又謂地球之背面亦有居民（即對蹠之說），且當冬至之日，北極之長夜，必至二十四小時之久，又潮汐之生，月球之作用也。總之，此書皆以自然之目的，在供應人類需要之見解，貫通全書也。

1. Constantine　2. Pliny the Elder

而更足表示羅馬人之實用精神者，尚有奉上議院命譯迦太基人[1]（美哥[2]）之農業學著作一事。伽圖（西元前二三四至一四九年間人）者羅馬之才人也著有穀類及果實種植法書（原名 De Re Rustica）。科琉麥拉[3]著有農學及林學論文。發祿[4]之專門著作，除現存之農學巨著外，尚有法律，求積法，及海軍戰術諸書。

在羅馬帝國時代，醫學之發達，自在意中，蓋羅馬人之科學興味，對於實用生活有直接關係者頗爲濃厚也。然是時之大醫家，却係一希臘人，其名格林[5]（西元一三一至二〇一年間人），乃喜波革拉第弟之子之一，年三十三行醫於羅馬。格氏在哈維[6]以前，爲惟一之實驗生理學者。氏嘗研究喉舌之發音器，且明肌肉收縮及弛緩之作用，及心肺等人體各部之血液流動，所知甚博。格氏亦活體解剖學家，嘗分腦筋爲類部，以推究其各部之功用，且以相同之見解剖割味覺視覺及聽覺之神經。其解剖以下等動物爲限。然其人體解剖及生理著作，千三百年來，爲學者所宗。此實用科學家之著作與事業所貢獻於其國人及其職業的社會環境者何若，此誠難言也。（西元後七十九年，達皮厓[7]城毀，其殘蹟中發得外科醫學器械二百餘種，在帝國後期，某部外科之發達，在十六世紀前，無與倫者。）夫格林之偉業，固羅馬之環境有以促成之，卽謂此語過當，則至少可言歡迎此種實用科學者，乃羅馬人之特點也。

帶奧斯科立第[8]者亦希臘人也。居羅馬甚久，常出其科學以應世。帶氏所知植物，達六百種，較提奧

1. Carthage 2. Mago 3. Columella 4. Varro
5. Galen 6. Harvey 7. Pompeii 8. Dioscorides

夫刺斯塔猶多一百種也。提氏頗致力於植物之藥性，已見前章所述，然此道今為帶奧斯科立第（及普林尼）所超勝矣。提奧夫刺斯塔乃植物學之始祖，而帶奧斯科立第則藥材學之始祖也。

昆體良[1]生於西班牙，其一生光陰大半消磨於羅馬，為修辭學教員。昆氏亦重科學，惟非因科學自身之價值而重之，乃以其可為演說之資料耳。如音樂、天文、論理皆可以為公中演說之助，卽神學亦然。在昆體良之時代（西元第三世紀）與今日同，視演說為少年成功之一大要訣；辯論比賽時有所聞，以是後來諸演說家遂崛起於羅馬七山之間焉。教授外國語法，今之學校亦取法於昆氏，如名字學、動字變形學、字彙、正式修辭學等。昆氏常視道德學為哲學中最有值價之一部。

以羅馬人夙好實用之心，一旦轉注於推理，自必成為實用哲學之趨勢，此不辯而自明也。若伊壁鳩魯主義[2]及斯多噶主義[3]，其最特著者。卽事物本原詩[4]之作者琉克理細阿[5]（西元前九十八至五十五年間人）其趨勢亦同。其作此詩，係受希臘哲學之激勵。此詩韻調取法於恩拍多克利所作之自然詩，乃羅馬詩人所喜誦之六韻詩也。琉克理細阿詩之特點，在其目的重道德而輕理想。於此異說橫流之時，獨能抑制人之慾望奢華，釋放其國人之心靈，以袪其懼神畏死之念，且發揚清潔淡泊之德，以排除迷信之邪說。

觀乎尼祿[6]業師辛尼加[7]之博物名著（原名 Quaestionum Naturalium, Libri Septem），卽知

1. Quintilian　2. Epicureanism　3. Stoicism
4. *De Rerum Natura*　5. Lucretius　6. Nero
7. Seneca

羅馬人嘗用儲水之球爲放大鏡，且曾觀察三稜鏡之折光，其放大鏡係供植物暖房取熱之用，蓋其時羅馬園藝術已臻上乘也。同時該書關於地震與火山之關係，及彗星運行於固定軌道之事，亦有饒趣之推測。雖然此書之主要點在欲求獲自然現象中之道德基礎。辛尼加爲斯多噶學派之道德家，而琉克理細阿則伊壁鳩魯派之道德家也。

吾人試返觀古代偉大民族之文化，若埃及，若巴比倫尼亞，若希臘，若羅馬，其間以集中台伯江兩岸之羅馬文化，與吾人尤有密切之相似。操英語之民族與羅馬相類，其研究科學，常於推求理論之中，間以直接應用之興趣焉。某英文著作家，嘗於一八三四年作文謂羅馬民族，長於戰爭及政治文學，民政策略，而於算學及物理學之事業，則歷來皆有嫌惡之表示。幾何學與天文學，乃希臘人所特重者，然意大利人不特忽略之，甚且視此爲不值高貴有識之士之注意。彼輩以爲此乃工藝之事，乃役於人者也。『彼意人但見技匠應用此學問之結果，遂謂抽象原理已與之相接，未免因而玷汚。意人之此種偏見，在西塞祿[1]爲尤甚。然吾人自問，亦有此相類之陋見否。』美國人之求學，每不肯就理論理，而於科學之應用，則興味較濃也。

參考書目

Lucretius, *The Nature of Things*; Translated by H. A. J. Munro.

1. Cicero

Pliny, *Natural History;* Translated by Philemon Holland.

Professor Baden Powell, *History of Natural Philosophy.*

Seneca, *Physical Science;* Translated by John Clarke.

Vitruvius, *Architecture;* Translated by Joseph Gwilt, 1826.

Vitruvius, *Architecture;* Translated by Professor M. H. Morgan, 1914.

第四章　科學之連續性——中世紀教堂與阿剌伯人

學問之事如火炬然，自一人而遞與他人。其人與人之相傳，或藉書契，或憑言說。夫欲求學問而僅恃一己之觀察者，雖以天賦特厚之偉人，亦必所獲少而進步遲矣。古來才智特拔之士，要皆有吸收他人思想之能力，卽最有創造能力之人，亦不過最善假借於人者耳。

觀乎諸偉人之生活，其始不能無疑於此言。古來促進文化之偉人，若朋斯[1]，田夫也，莎士比亞[2]，農家子也，林肯[3]，邊隅之民也，其功業何由而成乎？雖然，細考其成功之因，則知其人不過天賦優厚，虛懷容物，善採人之長耳，非眞有絕對的創造能力也。試就林肯言之，當其少時，以勤學壯武爲人所重。退學後，於體力工作外，寫讀不輟。得書則盡讀之，有所見聞則抄錄之。氏有數書讀畢復讀，至熟憶而後已。其家藏書籍，不過聖經，伊索寓言，魯濱遜飄流記，聖地紀遊，華盛頓傳，及合衆國史而已。此諸書者，林肯之一生功業及其民治精神，皆奠基於此矣。其教育固非特殊於人也，惟其爲人人所能學，故其成功也若是。林肯嘗奮發其論理能力以習字書。氏於正式研究法律以前，久已流覽當時美國修改之法典，常終日執卷，無稍倦容。嘗從某書習文法原理。又以同一之精神，從另一書學習測量。此大政治家，亦最大之英語

1. Burns　　2. Shakespeare　　3. Lincoln

演說家，其所受影響殊多吾人自未可忽視，然林氏之居處，去著名之學術中心雖遠，而其思想則沉浸於世界上最優良之思潮中也。

在科學史中，凡大思想家莫不有其師承之系統。亞理斯多德，柏拉圖之弟子也；柏拉圖，蘇格拉底[1]之弟子也；而蘇氏之學系復可返求至於退利斯而上——以至埃及僧侶及巴比倫尼亞之天文家。

亞歷山大里亞城，乃西元前三三二年亞理斯多德之徒所建，後遂繼雅典爲希臘文化之中心。及大亞歷山大崩，其將軍托勒密鎮治於埃及，遂僭號爲王焉。王在位時，征戰不絕，然猶能出餘閒以獎勵學術，且招致希臘諸國之哲學家及碩學之士，以就居於王之首都。王嘗著亞歷山大出征史，並創立著名之亞歷山大里亞圖書館。王子托勒密・菲列得爾夫斯[2]更發揮而光大之，增設科學學校及觀象臺，王子固以樂善好學聞於世者也。王子又廣搜名人之筆記，且遠自異國羅致奇獸於亞歷山大里亞，以爲科學研究之助焉。此項事業至托勒密第三（西元前二四六至二二一年）仍繼續行之。

亞歷山大里亞之天文學家與算學家，上文已略言之。亞歷山大里亞後期之科學運動，終於地理家，天文家而兼算學家之托勒密[3]（喀勞狄）氏（幸毋與王室之姓氏相混。）氏於西元一二七至一五一年間，最爲活動，以其所著綜論[4]一書，最有聲於世，凡當代所知之天文學，皆薈萃於是書矣。托勒密嘗根據喜帕卡斯之舊作，列一千零八十顆之星表。托氏據喜帕卡斯之說，教人以地球爲天體運行之中

1. Socrates
2. Ptolemy, Philadelphus
3. Claudius Ptolemy
4. *Syntaxis*

心，此稱以地爲中心之天文系統名之爲托勒密天文學系。三角學之創始，卽喜帕卡斯與托勒密之功也。托氏之立弦長表係發軔於地球中心之說。例如圓形內切六角形之一邊等於圓之半徑，亦卽六十度角之弦，全球六分之一也。以半徑分爲六十等分，每等分又按六十進位分而復分。其較小之等分及更小之等分，謂之分與秒。六十進位之圓周等分法，及其所分之部分，在本書第一章述巴比倫尼亞時已言之矣。

托勒密者希臘最後之大天文家也。至第四世紀及第五世紀之初，乃有提翁[1]及其聲名赫然之女海披薩[2]，教授托勒密之天文學，且爲之評註焉。在希臘哲學學派中，柏拉圖所倡無形世界絕對眞實之教義，一時頗與耶教之神祕主義相合。後至六世紀初年，此派學說遂遭禁抑。於是科學與其他學問之消滅，遂如燃眉之急迫矣。

夫科學在歷史上之連續，而遭此中絕之恐慌者，果以何者爲主因乎？其原因甚多，且甚複雜，非本書所能暢敍也。羅馬帝國自第四世紀之末葉而後，漸受西哥德族[3]，汪達爾族[4]，匈奴族，東哥德族[5]，倫巴族[6]等野蠻民族之侵入。卽在蠻族未入以前，以連年戰禍之蔓延，學術上已備感困苦。當愷撒（朱理亞）在位時，亞歷山大埋亞較大之著名圖書館統計藏書達四十九萬卷，嗣因港艦失火，藏書悉燬。卽此一端，科學思想之進行，已遭受絕大之打擊矣。

1. Theon　2. Hypatia　3. Visigoths
4. Vandals　5. Ostrogoths　6. Lombards

其足以阻礙科學進步之又一勢力，則耶教與異教思想之決裂是已。在教堂中大多數主教之意見，科學之目的與事業，以與保持天性之純潔確定永久之天福相較，則前者爲凡俗而虛妄矣。大多數人深信世界之末日卽在目前，欲安立其思想，全在來世而已。彼教徒之忽視現世與斯多噶派哲學之明訓相合，謂死之本體，於公正之人無傷也。古之耶教祖師每謂人之肉體，苟妨害靈魂之善舉，卽當死之。疾病卽作惡之懲罰，乃人人所當忍受。寧蒙肉體上之不潔，不可使道德有所玷辱。在今日有識之士，對此耽於世慾之希臘人，或捨棄世慾之耶教徒，固未嘗不可以容忍處之。然在當時則互相仇視之甚強。於是科學與耶教間慘毒持久之戰爭，由是而起矣。

耶教之主教，固非人人與希臘學問，持反對之見解者。有視大哲學家爲教堂之至友者。亦有主教會中人應研究希臘之慧學，庶益增其反對之力者。又有主張人類自獲福音頒示而後，無需考求眞理者。耶教著作家拉克坦細阿[1]嘗作狡語，問原子起於何時，原子之存在，有何證據。氏又嘲笑對蹠之說，謂若是則世界顚倒，其混亂無序爲不可思議矣。西元三八九年，亞歷山大里亞一圖書館毀，館中藏書咸被耶教徒所刼。西元四一五年，希臘哲學家兼算學家海波薩爲耶教徒衆所害。六四二年阿剌伯人乘其戰勝北非洲之餘威，返據亞歷山大里亞。此學術之淵藪，卒乃滅亡而不可恢復矣。

然阿剌伯人對於其征服國之文化，仍予以優容。希臘人民自亞歷山大而後，多卜居於敍利亞[2]及

1. Lactantius　　2. Syria

波斯諸大城中，其學術遂得維繫於猶太及一耶教支流（聶斯託利教派）[1]之學校中，此兩派自第五至第十一世紀間多任教職，頗爲活動。希臘主要之科學著作皆已譯成敍利亞文。時印度算術及天文學亦流入波斯。至第九世紀，凡此科學智識之淵源，皆已爲阿剌伯人所有矣。其狂妄者甚謂可蘭（即回教之經典）一書已足維繫全人類之幸福，所幸當時復有更高尚之見解盛行於世焉。

當哈綸阿剌細德[2]父子秉政時（西元後八百年），巴格達[3]之王府成爲阿剌伯科學之中心。算學與天文學皆有特殊之培植；建觀象臺；設譯學館；明定譯制，以事迻譯。於是希臘科學家若亞理斯多德，若波革拉第，格林，歐幾里得，托勒密輩之著作皆譯成阿剌伯文。阿剌伯大天文家及大算學家之名，吾人知者甚鮮；然其勢力實過於其名也。其一於第九世紀時，述其測量地球圓周之方法。又一人發明正[4]弦之三角學，以代托勒密之通弦。第三人採用所謂阿剌伯數碼（實係印度數碼），並著最初之代數學書。是書著者非欲作爲學生智力之訓練，乃欲探求最簡便最有用之算法，爲人生日常所需要者，如祖產遺物，析產訟案，經商以及人之種種往來，或如田地之測量，運河之開鑿，幾何之算法，以及其他各項用途。

在以後數世紀中，阿剌伯之高等學院廣設各處，而阿剌伯之科學潮流，亦愈向西方而進行。約第十世紀之末年，始於開羅[5]作日月蝕之精密記錄，且製日月行星運行之表。阿剌伯人之製造科學儀器，

1. Nestorians　2. Harun-al-Rashid　3. Bagdad
4. sine　5. Cairo

頗為技巧，如天象球，大六分儀，[1]各式象限儀，[2]及測量縱橫角度之儀器，此為近世測量儀器之嚆矢。在十一世紀末年前，有生於摩爾西班牙[3]京城哥爾多華[4]之阿剌伯人，創製托勒坦星表[5]。至一二五二年復有亞豐瑣[6]星表，天文家認此為歐洲科學界之曙光。

物理化學及算學天文之發達，皆阿剌伯人之功。十一世紀之某阿剌伯科學家，研究光之反射及屈折現象，解釋曙光與暮光之原因，且明瞭透鏡之放大率，與人眼之解剖。今吾人所用網膜，角膜，玻璃液等名詞，皆譯自其光學之著作也。阿剌伯於金，銅，水銀，鉛之正確比重，亦有適當之約計。其煉丹之術與冶金學有密切之關係，如合齊雜質之製法，及金銀匠之手藝等。煉丹家之目的，在求一金屬變為他金屬之方法。硫黃能變色，亦能變質。水銀一物，揣想為金屬變換中有重要之功用。例如彼輩以為錫中含水銀多而含鉛少，且低賤不衛生之金屬，加水銀之後，可令變為貴重衛生之金屬。彼輩甚至欲求一物質，可以發生種種變換，並可供人類醫治百病之用，雖衰老亦可治也。觀於給柏[7]所作之文，足證阿剌伯之化學，皆由實驗而進步者也。阿剌伯人嘗製硫酸，硝酸，及硫硝混合之酸，力能溶解金屬之王之金質。彼輩能應用溶液化合法而成金屬鹽類，如硝酸銀是。試驗室中之方法，如蒸溜，清濾，結晶，蒸升等法，皆由阿剌伯人傳入歐洲。阿人又從酒糟中得氫氯鉀，從海藻中得蘇打，從水銀中得氯化汞，此物在後來化學史中，頗饒興趣。

1. sextant　2. Quadrant　3. Moorish Spain　4. Coordova
5. Toletan　6. Alphonso　7. Geber

阿剌伯人之科學智識，大多出於茂盛之商業，及其醫藥事業。甘蔗之輸入歐洲，造紙法之改良，酒精製法之發明，石膏白砒之應用，藥料藥性之辨別，皆阿人之有功於科學者也。他如指南針與火藥之智識，有謂輸入歐洲之功，亦屬諸阿剌伯云。

阿剌伯醫家亞微瑟那[1]（西元九八〇至一〇三七年間人）有一醫學巨著（原名 Canon），根據於格林之學，數百年來，爲歐洲各大學採爲教本。此外又註釋亞理斯多德之各種名著。然『註釋專家』之名，猶當留待於阿剌伯醫家而兼哲學家之亞味洛厄茲（西元一一二六至一一九八年間人），蓋亞氏於希臘生物學家與哲學家之著作，頗致力研究之焉。中世紀時，亞理斯多德之科學所以昌明於歐洲者，皆由亞味洛厄茲註譯之功耳。案亞味洛厄茲之見解，亞理斯多德乃科學之始祖，亦科學之完成者。亞味洛厄茲於物理化學，皆具獨立之智識，於天文醫學及哲學，皆有著作。其於自然現象中求智識，乃純粹出於愛好眞理之心。氏不認任何事物可從無而生有，同時又教人謂上帝乃萬物進化之本原。人之智力最能明白表現，而更有超越此智力者在，兩者合一，是爲靈魂最高之天福。及此大註譯家卒，阿剌伯自然科學之文化，亦於以告終，然其勢力（及亞理斯多德之學）則仍存留於西方各處之教育中心點也。

雖然古代學術之保存，固不僅賴阿剌伯人之力也。第六世紀之初，在亞歷山大里亞爲穆罕默德

1. Avicenna

之信徒佔據以前，有聖本泥狄克特[1]者創建夢忒·卡栖諾[2]僧院於意大利。於此僧院中，始抄錄名人之筆記，及摘錄各科學之提要，如文法，方言學，修辭學，算學，天文，音樂，幾何等。其原本皆根據於羅馬古籍。羅馬自歷次戰爭，大遭焚刼而後，古籍之僅存者，惟普尼林之自然史等書，即中世紀時之百科全書而已。當羅馬黑暗時代，其學者皆遷避於不列顛與愛爾蘭，至此乃復以其書還諸羅馬。[3]沙爾曼涅（西元八百年）自約克[4]召阿爾琴至，命教其王子及貴族子弟於法宮。後五十年，此王宮學校中有愛爾蘭人伊烈基那[5]者，以穎悟博學聞。十世紀時給爾貝[6]（即教王西薇士德第二[7]）習算學於西班牙之阿剌伯學校。斯時阿剌伯之科學書籍多譯成拉丁文，歐洲人與東方民族，因戰爭商業而交接益繁，田奴解放，中產階級益臻發達，馬可·波羅[8]航行至遠東，腓特烈第二[9]則興學校而獎勵學術，學子皆研究論理之學，凡此種種，皆科學思想史中一新紀元之徵兆也。

多密尼克宗[10]僧馬格那斯[11]（一一九三至一二八〇年間人）乃亞理斯多德及其阿剌伯註譯家之私淑弟子也。馬氏所著自然史之書甚多，於此大哲學家固極表其敬仰之誠，然馬氏亦非無獨創之觀察者。氏以職在考察，故嘗步遊日耳曼之大部，且以觀察自然現象之敏銳，其增益於動植物學者至富，大多爲精密之記載也。氏以諳習自然史，故無故者遂疑其有魔術。

其門人阿奎那·托馬斯[12]（一二二七至一二七四年間人）爲哲學家，時人稱爲耶教之護法者

1. St. Benedict　2. Monte Cassino　3. Charlemagne
4. York　5. Scotus Erigena　6. Gerbert
7. Sylvester II　8. Marco Polo　9. Frederick II
10. Dominican　11. Albertus Magnus　12. Thomas Aquinas

聖阿奎那·托馬斯制勝亞味洛厄茲之圖

也。一八七九年。教王利奧第八，[1]宣言凡智慧之言論，有用之發明，不論爲何人所作，皆當以至誠之心歡迎之因卽訓令羅馬舊教堂之領袖，恢復聖托馬斯之金玉良言，並當盡力宣傳愈遠愈善，庶幾社會得以蒙益科學得以進步。以聖阿奎那·托馬斯之學問，在耶穌觀之自覺其科學哲學無所不具者矣。案阿氏之意智識之本原有二，理智與啓示是已。此二者非不能和衷共濟也。希臘哲學家唯談理智。在宗教則當使各種智識悉與上帝啓示之眞理相合，以救世濟人爲懷，方盡其職責。亞味洛厄玆所謂無物不能生有物，又所謂人之智力與超人相合，皆謬誤之說；蓋其說適與上帝所宣示之創造世界與靈魂不死之理相反。觀附圖所示，卽見聖托馬斯受基督光榮之獎勵，旁有摩西[2]，聖彼得[3]，及福音傳之著者四人爲之指導，又有亞理斯多德及柏拉圖爲教授。氏已制勝外道哲學家亞味洛厄玆，圖下挫敗失志者，卽亞氏是也。

英國聖芳濟[4]宗僧培根·羅哲爾[5]（一二一四至一二九四年間人）堪與此多密尼克宗之二僧並述。培根於希臘及阿剌伯科學家之著作，咸皆通習。氏於一論文中嘗引亞理斯多德地球圓形之說，嗣爲哥倫布所見，遂知大西洋之對岸尚有一大洲焉。氏又創立光學原理，爲後製造望遠鏡之先導。氏主張自然科學根據於經驗及精密之觀察，而不主推理之法。培根之著作，以廣博之哲學見解勝。在培根之意見，地球不過廣漠天空中微渺之一點而已。

1. Leo XIII　2. Moses　3. St. Peter　4. St. Francis
5. Roger Bacon

培根死後數百年間，地球與天體之關係，成爲歷代科學家研究之標的，彼輩於前代之功就，亦多培根之通曉者。[1]著行星新說之[2]拍巴克氏（一四二三至一四六一年間人）嘗增廣阿剌伯人之三角學，並欲宣傳托勒密之天文學綱要於歐洲，惜未及完成其計畫而卒。然拍氏有徒曰[3]里吉奧夢退那，其所作更較其師意爲善。拍克巴之書，有最初之天文學教師[4]哥白尼（一四七三至一五四三年間人）爲之註譯。後哥白尼居意大利九載，就學於大學校，遂識托勒密及古代學者關於行星運動之見解。氏由此知天體之貌似旋轉，自東而西，以地球爲中心者，實則由於地球自西而東之繞軸自轉耳。然此學說，哥氏拒絕刊佈者凡三十六年。其主張地球非中心之書既印成，而哥氏已病，臨終於榻上見之，然卒未一揭其書也。

哥白尼之學說亦重要矣。此進行遲緩之十四世紀以來，才智之士，莫不爲地球中心之說所拘，及哥氏之說立，而腐說遂覆，並取太陽中心之說而代之。然此不過天文學成功關鍵之一節耳。後之[5]泰古·布剌，[6]刻卜勒，[7]伽利略，[8]牛頓輩則完成之者也。

參考書目

The Catholic Encyclopedia.

J. L. E. Dreyer, *History of the Planetary Systems.*

1. *New Theories of the Planets*　2. Peurbach　3. Regiomontanus
4. Copernicus　5. Tycho Brahe　6. Kepler　7. Galileo
8. Newton

Encyclopædia Britannica, Arabian Philosophy; Roger Bacon.

W. J. Townsend, *The Great Schoolmen of the Middle Ages.*

R. B. Vaughan, *St. Thomas of Aquin; his Life and Labours.*

Andrew D. White, *A History of the Warfare of Science with Theology in Christendom.*

第五章 科學之分類——培根[1]·法蘭西斯

前章已證示各科學之發達，皆有一連續之線索。一時代之天文或化學算學，莫不直接依賴於前朝，故述科學之進步，常用『發達』或『演進』等詞，意甚當也。今所欲觀察者，不特各時代同一科學之切要關係，而亦各科學間之關係。物理，天文，化學，皆有其共同者在；幾何，三角，算術，稱爲算學之支科；動物植物皆生物學，皆以生物種類爲事者也。哥白尼死後之一世紀中，有大科學家二，培根[1]與笛卡兒[2]是，以智識喻樹，則二氏之科學皆一樹之枝耳。二氏以爲各種智識猶一生物，各部皆互相連屬，而有生長之能力者也。

當十七世紀之初，科學之範圍既廣，欲求更進，自必於此智識之樹，有全部之概念，以窺測學問之涯涘。擔任此項工作者，即味羅蘭爵士[3]培根·法蘭西斯（一五六一至一六二六年間人）是也。爵士所作智識分類法甚精，在科學進步上，有極大之影響。其概念中常持一明白之主旨，即以人力控制自然是已。爵士願盡取前代所成就者，以供給全人類之不足，而增益其財富。培根深知此項事業之偉大，決非一人所能勝任，乃力請詹姆士第一[4]贊助其計畫。今姑就其規畫而略述之；爵士之意欲編輯一百

1. Francis Bacon　2. Descartes　3. Lord Verulam
4. James I

科全書，特恐此事苟無學者之襄贊，國家之資助，不克有成。氏以造屋喻之，供給圖樣不難，所難者，建築師與工人皆須爵士一人任之耳。此項計畫之價值，至十八世紀中葉而益彰，時有狄德羅[1]及達蘭貝耳[2]規畫編輯一法國百科大全書，任總編輯者爲狄德羅，其序文中有言：『吾人任此大業而有所成功，則吾人當歸功於培根爵士，爵士之時無文藝亦無科學，而卽有編輯文藝與科學大全書之計畫。夫欲作已有之學術史，尙屬難能，而況爵士欲作未有之學術史耶！爵士誠非常才也！』

培根乃深信藝術與職業之研究者，同時又致力於學理及抽象之思想。培根知哲學可以助藝術，以供給日常之需要；又藝術與職業可以增廣哲學之範圍，且吾人之學理必當以已知之事物爲根據。其文中有云『人之論學術者，謂須切合於實用，其言固是；然此語每易誤解，姑以古之寓言喻之；人體各部忽與胃不睦，以其既不如四肢之動作，又不如頭腦之運思，不知胃能消化食物，供給養料於全身者也。故以哲學與理論爲怠惰無益之學者，是不知藝術與職業皆仰給其精液氣力於此者耳』在培根及笛卡兒觀之，自然哲學者乃智識樹之主幹也。

在另一方面，培根視藝術技能與欲業皆科學原理之源泉。當其測度學術之範圍時，嘗發見數種農業及多種工藝之記載，時人頗鄙之。培根乃曰『余之判別，果能取重於人者，則余意機械學等之歷史，在自然哲學上，當有最切要最根本之應用。』既知各種藝術，而後於解悟上有充分之實例。藝術之

1. Diderot　　2. D'Alembert

記載所以有大用者卽以其所載事物皆可直接供用者也。故培根云，『此機械工藝及非典雅之歷史（美術及玩好除外）當以大功昇之。』『又於各種工藝之中，以生產製造爲重，如農業，烹飪，化學，染色；及玻璃，琺瑯，糖，火藥，人造火，紙料等之製造。』其次則有紡織，木工，建築，及機器，鐘表等之製造。工藝之目的非徒使藝術達於完善而已，要使各種工藝試驗皆以誠學爲歸宿，如細流之滙於大海也。

一六〇三年詹姆士第一卽帝位，未幾培根卽發刊其學術之進步[1]一書。然培氏猶繼續著作，以謀智識組織之發達，一六二三年綜合其計畫於科學增廣論[2]一書。

近代著作家披爾遜[3]氏，於一九〇〇年綜合培根之各科學術分類法。以此表與法僧囂俄[4]之智識分類表相較，可以見其相似之點。囂俄之意見與培根同，亦以不偏狹於實用爲主要。囂俄嘗謂人之重智識往往忽其本身而重其功用。譬如畜牧，紡織，繪畫等工藝，苟產物不適於用，卽視其技爲絕無價值者。若據此以論上帝之智，則創造之物當更較創造之人爲貴矣。不知智慧卽生命，愛好智慧卽生活之快樂也。

雖然，吾人若就此二表詳細比對之，卽知培根與中世紀之觀念實有區別也。囂俄分類法之最弱點，在論自然哲學一部。彼謂物理學之職責，在考察事物效果中之原因，及其原因中之效果。其所當論者，爲解釋地震，潮汐，行星之功能，野獸凶惡之天性，及各種木石，蟲鳥之屬。然吾人觀其此類智識之尊

1. *Advancement of Learning*　　2. *De Augmentis Scientiarum*
3. Pearson　　4. Hugo of St. Victor

人類之學問(培根分類法)

- 記憶 — 歷史
  - 自然
    - 自由的(有規律)
      - 生長
        - 天文物理學
        - 地文學
        - 物理學
        - 有機物種
    - 謬誤的(無規律)
      - 超生長(鬼怪)
    - 不自由的(受人之節制)
      - 藝術
        - 工藝試驗
  - 文化
    - 宗教
    - 文學
      - 學問藝術
    - 政治(文化本史)
      - 正史
      - 古蹟
      - 碑碣
- 幻想 — 詩詞
  - 描寫(英雄傳記)
  - 戲劇
  - 比喻(寓言)
- 理智 — 哲學或科學
  - 神學
    - 啓示
  - 自然哲學
    - 上帝
      - 自然神學，鬼神本原
    - 自然界
      - 實用
        - 工藝
        - 純粹魔術
      - 理論
        - 物理學(物質及相對原因)
        - 形而上學(形式及最後原因)
        - 實虛實虛
      - 算學
    - 人類
      - 人體哲學(人體學)
        - 身體
          - 醫學，運動等
        - 靈魂
          - 修辭學
          - 道德學
      - 人文哲學(正義之標準)
        - 交際
        - 商業
        - 政治
- 原始哲學或智慧

	智識分類（囂俄作，西元一一四一年）	
理　　論	神學 自然哲學(物理學)	
	算學	算術 音樂（諸音之研究） 幾何 天文
實　　用 （道德）	道德學，卽私德 經濟學，卽家德 政治學，卽公民學	
工　　藝	紡，織，縫紉；毛，蔴等工藝 建造——軍器；船艦；木工，石工，金工 航運 農業 佃獵，捕魚，食物 醫藥 遊藝——戲劇，音樂，運動等	
論　理	演說 文法 方言 修辭	

門，[1]著作野獸及其他事物論一書，於物理學一科並無分科，惟歷敍植物學，地質學，動物學，及人體解剖學之細節，大部分排列如字典式耳。

至於培根之分類表，其物理學與靄俄之物理學名詞相當。惟前者研究自然現象與其物質原因之關係。按培根之意，此項研究以自然史供給其事實。吾人試觀培根自然史之著作，當知其科學觀念之遠大，去中世紀時爲何如也。

培根爲研究科學起見，分宇宙現象爲五類：（一）天空現象；（二）天氣；（三）地球；（四）地水火風之物質；（五）物種等。其所予人類自然史之範圍甚大。工藝之定義爲人類改造之自然界。歷史之命義即描述之科學。培根所舉之歷史，有以下諸科：物理學，化學，天文學，地質學；植物學，動物學，解剖學；心理學，社會學；論理學，算學，醫學，工程學，教育學，法理學，經濟學。

培根擬定專科史書目（一六二〇年）

一　天體史；或天文學史。
二　天體形成史；或宇宙史。
三　彗星史。
四　流星史。

1. *Concerning Beasts and Other Things*

五 雷電史。
六 暴風及空氣震動史。
七 虹史。
八 雲史。
九 蒼穹，日月暈，曙光，及因介物而起之各種天象史。
十 冰雹，驟雨，水柱史。
十一 霧，露，霜，雪史。
十二 天空凝成下落物史。
十三 天空聲音（雷聲除外）史。
十四 空氣全史。
十五 年中氣候溫度，水旱燥濕，各地變易史。
十六 水陸地形，島灣腰岬，廣狹高下，山川湖海史。
十七 海陸移動及其各項試驗史。
十八 海陸擾動，山崩地裂，海島升沉，火山噴發，地陷水溢史。

十九　山谷林野原隰江湖，溪泉沼澤史，，，，國省城市關於民事者除外。

二十　潮流激湍，海水波動史。

二十一　海水色味，礁谷深淺史。

次爲質量較大之物質史

二十二　火燄燃燒史。

二十三　空氣本質（非世界形成時之情狀）史。

二十四　水料本質（非世界形成時之情狀）史。

二十五　地球本質（非世界形成時之情狀）史。

次爲物種史

二十六　純粹金銀鑛場鑛脈，採鑛工作史。

二十七　水銀史。

二十八　硫礬化石史。

二十九　寶玉鑽石史。

三十　石史。

三十一　磁石史。
三十二　非化石非植物之雜物（如鹽，琥珀，龍涎香）史。
三十三　金屬鑛物化學史。
三十四　草木樹林，及其根幹枝葉，果實花膠史。
三十五　蔬菜化學史。
三十六　魚類構造發育史。
三十七　鳥類構造發育史。
三十八　四足動物構造發育史。
三十九　蛇蟲蚊蠅構造發育史。
四十　動物食料化學史。

次爲人類史

四十一　人體四肢，容貌姿態，及種族氣候變異史。
四十二　人相學史。
四十三　人體解剖，或內部器官，及其天然與病患之變異史。

四十四　人體構造均勻部分（如骨，肉，膜等）史。

四十五　人類性情血液膽汁種子史。

四十六　腺液，大小便，唾津汗液，毛髮爪甲史。

四十七　人體功能；吸力消化，留止排洩，化血融解養料，血液化精史。

四十八　自然及不自由運動；心跳，脈搏，噴嚏，肺動，勃起史。

四十九　半自然半劇烈運動；如呼吸，咳嗽，大小便等史。

五十　自由運動；如發言氣官，眼，舌，手，指，口，顎等運動史。

五十一　睡眠夢寐史。

五十二　人體各種常態——肥，瘦，容顏等史。

五十三　人類生育史。

五十四　胚胎生育時之意念，同化，妊娠史。

五十五　人類食物，各種滋養，飲食，各國異同史。

五十六　人體全部及各部生長史。

五十七　老，壯，少，幼，人壽長短；各國異同史。

五十八　生死史。

五十九　疾病徵象醫理史。

六十　疾病療治史。

六十一　保持身體康健史。

六十二　增進容貌秀麗史。

六十三　變換體質史。

六十四　藥材史。

六十五　外科醫學史。

六十六　醫藥化學史。

六十七　視覺及可見事物史。

六十八　繪畫，雕刻，造像史。

六十九　聽覺聲音史。

七十　音樂史。

七十一　嗅覺臭味史。

七十二　味覺滋味史。

七十三　觸覺觸物史。

七十四　愛情觸慾史。

七十五　苦痛觸覺史。

七十六　快美通史。

七十七　情感如喜，怒，愛，惡，羞，愧等史。

七十八　智力如自省，幻想，記憶，推理等史。

七十九　自然豫言史。

八十　祕密自然判別史。

八十一　禽畜宰割烹飪史。

八十二　麵粉製造，麵食烹製史。

八十三　酒史。

八十四　酒窖及各種飲料史。
八十五　蜜餞糖食史。
八十六　蜜史。
八十七　糖史。
八十八　牛乳史。
八十九　浴池及塗身香油史。
九十　理髮，香品，雜物史。
九十一　金器製造史。
九十二　羊毛製造史。
九十三　絲綢製造史。
九十四　苧蔴紗布製造史。
九十五　羽毛製造史。
九十六　紡織工藝史。
九十七　染色史。

九十八　製革工藝史。
九十九　羽毛細布被褥紡織史。
一百　鐵工史。
一百一　鑿石史。
一百二　磚瓦製造史。
一百三　陶器史。
一百四　水門汀史。
一百五　木工史。
一百六　鉛工史。
一百七　玻璃器物製造史。
一百八　建築通史。
一百九　車輛舁牀史。
一百十　書籍，印刷，書寫印章；筆墨，紙等史。
一百十一　蠟史。

一百十二　製鑑史。
一百十三　蘆葦，稻草，薦草造製史，
一百十四　洗刷術史。
一百十五　農林畜牧史。
一百十六　園藝史。
一百十七　漁業史。
一百十八　佃獵史。
一百十九　戰術，及弓箭甲冑軍械製造史。
一百二十　航海術史。
一百二十一　各種運動操練史。
一百二十二　騎術史。
一百二十三　各種遊戲史。
一百二十四　江湖醫術技藝史。
一百二十五　琺瑯瓷器及各種人造雜質史。

一百二十六　鹽史。

一百二十七　各種機器動作雜史。

一百二十八　未成工藝之普通實驗雜史。

純粹算學雖屬觀察而非實驗，亦應作史

一百二十九　數之性質能力史。

一百三十　形之性質能力史。

此項目錄係附屬於一六二〇年培根所著之新論理學一書。培氏除於一六二三年完成其各科學之測度與分類外，復刊布關於目錄之數種著作——如風論生死論潮汐論等，至一六二七年，即培根死後之一載，其最受人誤解之一書（原名 Sylva Sylvarum）始刊行於世。拉丁字 sylva 意即『原料，』亦有『林藪』之意，故其書原名應譯作『原料之林藪。』培根之意則謂此書乃『未成熟之雜著；』然培氏猶欲刊行之者，以其『視他人之利益重而益己之關係輕也。』氏自作目錄之後，即於此書中償其一六二〇年所發之誓願，取自然家與工藝而設爲疑問，其所擬研究之問題，約如下

1. *Novum Organum*

列：如凝結空氣，變空氣爲水，火之祕奧，地心吸力之運動，冷之產生，胎卵中幼物之營養，生命之延長，聲音之介物，傳染疾病，朽腐之加速與防護，生長之加速與阻止，無仁核之產果，土地肥料之生產，空中之飛行。

培根之理想著作 New Atlantis 一書中，敍述其所願望之人類利益：如人造金屬，各種混凝土，特優之顏料，供活體解剖及醫學試驗之動物，僅由運動發熱之器械，人造寶石，長距離及依曲線之傳聲法，及新式炸藥等。此理想書中又云『吾人亦當效鳥類之飛翔；在空中則略能飛行；在水則有舟船。』培根深信凡大發明家及大發見家皆當有榮譽之獎勵，並主制定發明之年表焉。

培氏爲一豐富銳利之思想家，其偉大之勢力，多自博學強記中來，故有此著名之科學分類表也。

參考書目

Bacon's *Philosophical Works*, Vol. IV, *Parasceve*, edited by R. L. Ellis, J. Spedding, and D. D. Heath.

Karl Pearson, *Grammar of Science*.

J. A. Thomson, *Introduction to Science*.

第六章 科學方法——吉爾柏特，伽利略，哈維，笛卡兒

當十六世紀末與十七世紀初，科學研究所需之材料，已於前章略示其範圍矣。而此同一時期中，研究之方法亦爲之大進。如上所述，培根於一六二〇年著新論理學之巨著，曰新者，所以別於舊傳之演繹論理也。其目的在予人以運用智力之方法，以應用於自然律之發見。後約十七年，法國名家笛卡兒（一五九六至一六五〇年間人）刊布其[1]正導理智及探求科學眞理方法論。此二哲學家者，皆以其個人之研究，而示其所立方法之有效者也。然在一六二〇年以前，其他科學家之實驗方法，亦已產生完美之結果。如[2]雷翁那多·得·芬奇及意大利等處諸名家，皆與此法之本原有關者。至一六〇〇年[3]依利薩伯后之御醫[4]吉爾柏特·威廉（一五四〇至一六〇三年間人）嘗於后前表演其發見（見其故居所懸之圖畫），且發表其十八年來精密研究之磁學著作。吉氏可視爲電學之始祖。伽利略者，發見動力學基本原理，並確立近世物理學基礎之人也。其最重要之著作，雖至一六三八年而始刊行，然其多年嚴密實驗之原理，已預備於十六世紀之末布於世矣。[5]哈維·威廉（一五七八至一六五七年間人），者詹姆士第一亦[6]查理第一之御醫也。哈維爲近世實驗生理學家之第一人，嘗從血液循環

1. *Discourse on the Method of Rightly Conducting the Reason and Seeking Truth in the Sciences* 2. Leonardo da Vinci 3. Queen Elizabeth 4. William Gilbert 5. William Harvey 6. Charles I

之研究，求得重要之結果。

吉爾柏特與哈維皆曾卜居於意大利，此其事未嘗無故，蓋意大利乃科學實驗方法最先發達之地，上文已及之矣。伽利略爲名教授時，哈維在帕雕亞[1]（一五九八至一六〇二年）其根據動力學原理以解釋血管之血流，或依受伽利略之鼓勵也。此說或者近是，蓋伽氏與哈維吉爾柏特同，亦頗諳於醫學之研究也。培根少年時亦嘗習實驗方法於歐陸，後又深明吉爾柏特伽利略與哈維之學，而哈氏實卽其私人醫生也。

觀乎此種事實，可知科學方法能傳授於一國一業之間，或由私人交際而互相授受，然事之親切若智力之運用，舍於眞理之發明與發見者，未識亦能如前之互相傳授否也。致力於科學研究之才智之士，欲解析其個性，誠非易事。培根之主旨在增加發明發見之數量，以促進人類征服於自然界之帝國。故培氏自認其發表之方法，非科學研究之惟一方法也。氏又聲稱其新論理學中所述之法，既非自創，亦非完善，更非不可少者。培氏自知其法非專爲天賦優厚者用，不論智愚，其用則一。以培根之意，研究科學者，固宜袪除其先入之偏見，屏棄其過早之預測，然合理之解釋，則智力之所當爲，且於遲緩困苦之歸納法，當以智者之預測爲之先導也。如以下第十九章所述，今日之心理學所知於心之作用者，尚不足以供研究者預定其心智之態度。然培根所指方法之功用（頗爲培氏及其他多人所重，）亦

1. Padua

吉爾柏特博士在依利薩伯后宮中表演其電學試驗

未嘗不是。今試就培根以前諸科學家應用實驗方法之經過，略述如左。

吉爾柏特之研究，以易於覆試便於證實之試驗爲主，觀其磁學[1]可知也。例如吉爾柏特命試驗者取大小適中之磁石一枚，置鏇床上鏇之成球狀。此球可稱之爲地磁。置一鐵線於其上。線之兩端乃繞其中點而轉，旣而驟止。鐵線所止之線，以粉筆誌之。移鐵線於球之他點，反覆試之如前。如是所誌之線成子午線若干，各相交於兩極。次置地磁於木器中，令器浮靜水面。磁之北極略趨於地球之南極，餘極理同。吉爾柏特之作此試驗，約在一五八二至一六〇〇年間。吉氏根據於此，乃得地球爲大磁石之結論。自是其說由航海家爲之證實。其論此事之書，名磁石磁性物及大磁地球論：由許多證據及實驗證實之新自然史[2]。按吉氏原意，非欲發見磁力或電力，乃欲計斷地密之眞質，及地球之內部組織。作者之爲此言，當無傷於吉氏之令譽也。氏於其個人之方法，知之頗審，嘗譏某著作家毫無磁學實驗，僅恃己意以爲推論，其與事實之相反，直如癡人說夢耳。

伽利略（一五六四至一六四二年間人）幼時卽表現發明之天才，年十九時，去吉爾柏特之試驗未久，由其對於運動現象之敏銳觀察力，遂有偉大之科學發見。伽氏嘗於其故鄉比薩[3]城之教堂中，觀察一長鍊搖擺之燈。彼見燈之擺動，不論大小而時間常等。伽氏第一次證實此感想，係用脈搏爲之，此蓋當時唯一之實用時計也。後乃發明簡單之鐘擺，以記病人脈搏之遲速，嗣更進而應用其發見，以

1. *De Magnete* 2. *Concerning the Magnet and Magnetic Bodies, and Concerning the Great Magnet the Earth: A New Natural History demonstrated by many Arguments and Experiments*
3. Pisa

製擺鐘焉。

一五八九年氏被派為比薩大學算學教授，未一二年由實驗而確立動力學之基礎。早在一五九〇年即為文以記其事，題為運動論[1]，與亞理斯多德之動物見解異，其駁斥亞氏之處，悉以理智實驗出之。亞氏之說，謂同類二物在同一介物中行動，其速率與其重量成正比。設有一行動物，其重量為b，行過c——e線，此線分割於d點，又若行動之物亦按此c——e線在d所分之比例而分之，則當該物全體行經c——e線時，其上部之物僅行經c——d線。

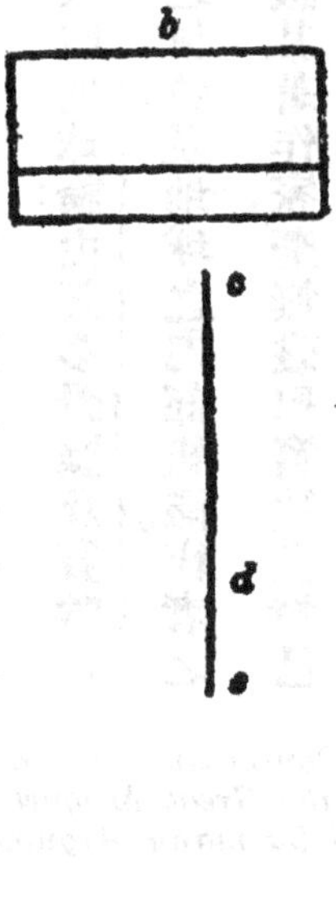

伽利略則言此說之謬誤可笑，直明晰如白晝，無庸置辨。設有二鉛球，一者重百倍於他球，自極高處下墜，則大者落地需一小時，小者必需百小時矣，其誰能信之？又若有二石，一石重二倍於他石，從高塔同時釋之下墜，則大者擊地時，小者當猶在半途，此說更孰能信之？按伽氏傳，氏嘗於教員學生前，在比薩斜塔上以重量不等之物自塔下墜，藉此證實其見解之真確焉。苟合空氣之阻力計之，諸物從等高處下墜，其時間相等；其最後速率與時間成正比；行經之空間則與時間之平方成正比。後二條定例之實驗，係用斜平面為之，平面上有光滑之溝，中置銅球，得自由拋下，其時間則用改良之水鐘計之。

1. De Motu

伽利略於動力學之成熟見解發表於一六三八年，書名算理討論及關於力學及局部行動之二種新科學之證示。[1]是書論凝結力及推析抵抗力（材料力學），並等速加速彈道等運動（動力學）。書中論述以談話體出之。其開卷一語即可證其根據理論於僅駐之趨勢。茲譯其原文如下：『余意理智之用，必具廣大之範圍，宜常參觀威尼斯著名之船塢，尤當注意於力學需要之處；當知各種器械機器，多數工人所得而用之者，皆學自前人之遺訓與其個人之觀察，而工人之中亦必有技巧出衆而善於講論者在。』在當時造船者之見解，龐大之戰艦在未入水以前，每因重量過巨，致有破裂之虞；其較小者則危險亦小，此即伽利略最重要之科學貢獻之發端也。

維薩留斯[2]（一五一四至一五六四年間人）著有人體組織一書（原名 De Humani Corporis Fabrica 刊於一五四三年），格林之解剖學遂爲之動搖；及哈維出，乃根據此新解剖學以改良希臘醫家之實驗生理學。哈維自認其教學解剖學不用書本而從實地之解剖，不重哲學家之教義，而重自然之構造。

哈維之解剖學講義，始開講於一六一六年，迄今仍保存之。茲摘其一節，以示哈氏雖在其時，已成立血液循環之說焉：

『W-I[3] 案心之構造，血液常流經肺葉而入大動脈——如抽水機之抽水然。

1. *Mathematical Discourses and Demonstrations concerning Two New Sciences relating to Mechanics and Local Morements.* 2. Vesalius 3. 此係哈維所用之符號，以示此爲其創作之觀察。

「從縛血管之線觀之，可知血液常自動脈流至靜脈，繼續不息。

「由此知血液之流行，常因心跳之作用，循環不已。」

哈維所著動物心房血液運動解剖論一書[1]，至一六二八年始刊布於世。書中所述皆哈維結論之實驗基礎。如云以通入心房之大靜脈壓迫之，則此壓迫處與心房之間即成虛空，而心房遂現灰白色作瑟縮之狀矣。去其壓力則心之大小顏色仍復原狀。今若以心房通出之動脈壓之，則此壓迫處與心房之間，即爲之伸張，而現深紫色。故知血之流行，自靜脈入心而至動脈。哈維研究時所用各種動物甚多——至少有八十七種。

在哈維之實驗證明以前，有信血管爲空管，自肺中通氣以分佈全身者，惟格林則嘗割取狗之氣管，吹氣入肺，則氣留管內，因知肺實一封閉不洩之囊，非通於全身者也。哈維乃從而研究之，力言肺動脈自心之右邊通血入肺，而肺靜脈則自肺中通血至心之左邊，肺中有隱藏之罅隙且有細脈交接處，此即肺動脈通至肺靜脈之所經由也。

在人體中，大靜脈運血至右心房，由肺動脈運至肺部而入肺靜脈，復由肺靜脈運至左心房。此肌肉抽水機乃驅血入大動脈。然尚待證明者，四肢之血是否自動脈而入靜脈。試法：將臂部緊縛之，至肘部無脈搏爲止。此手初尚自然，繼乃漸冷。鬆其縛則脈搏復起，手與前臂乃成腫脹。其初從深藏膚下之

1. *Anatomical Disquisition on the Motion of the Heart and Blood in Animals*

動脈管所供給之血流，驟然停止。其次由表皮靜脈管返流之血在後塔塞。血自動脈流至靜脈，四肢與肺部同，亦經過脈盂相接處及稀疏之細孔。此等動脈皆發源於大動脈；而此諸靜脈亦皆滙流於大靜脈中。靜脈中有活瓣，以防血液之倒流，使其祇能向心房而行。又動脈與靜脈合成一系；蓋任一靜脈或動脈，皆可放血而竭之也。哈維證明其見解之證據甚多。其第一章開端之語曰：『余始立意作活體解剖以明心之運動與應用，』即此一語已足於其實地研究之方法上，放一大光明矣。

培根常受仁慈博愛之激刺，因每欲鞏固人之權力，以制勝自然。然欲具大權力，必先明聲、光、熱、力之本性或定律，乃可。未有昧於現象本性之智識，而能促進科學，以成就有用之發見與發明者。以此觀之，培氏自必應用其歸納之法——乃培氏特有之眞實歸納法——於其熱學之研究矣。

今先略其推理，而以表現熱力之事例列舉之——則有火燄，電光，日光，生石灰水，濕草，動物熱，熱液體，承受阻力物諸項。此外復有似乎無熱者，如月光，高山上之日光，北極圈中斜射之日光。次乃用燃鏡（卽凸透鏡）將月光凝集於量熱器上而試驗之。又用燃鏡凝集熨鐵、普通火燄、或沸水之熱而試之。次用凹鏡置日光下，以察其熱之是否減少。然後取其他事例，其中熱度不等者而記錄之。例如鐵砧受鎚之擊，而熱度漸增，薄片金屬繼續擊之，可成火紅，如爐中之鐵。試就此事實驗之。

旣列舉此種種事例後，當以歸納法合之，以求正面事例有何主因，反面事例缺何主因，事例之變異者，有何常變之因。按培根之意，眞歸納法之根本在乎除外之法。例如吾人可以斷定熱之本質不含於光不含於明，以其存在於沸水，而不存於月光中也。

雖然，此歸納法尙未完成，必至正面建立而後已。研究至此，方可立一假設以釋熱之本體。就上例測之，各現象之本原實惟運動，而熱其一例耳。如火燄，沸水，行動所生之熱，用壓縮滅火等皆足以證此說。運動乃總綱，熱則其子目耳。熱之本原惟運動，餘無他物也。

然而各現象之差別何在，尙待建立。於是乎定義尙矣。熱之定義乃物體質點上所受脹縮強制之運動也。培根見於此項發見之應用，因復補充數語如下：『在任何自然物中苟能使之作膨脹之運動，復強制之使返其運動於自體，致膨脹不能均等，惟一部得脹而他部受制，若是則熱必生矣。』讀者至此，當猶憶培氏嘗欲發明一僅恃運動而產熱之儀器也。

笛卡兒者，一哲學家亦算學家也。著有方法論[1]及心智指導規則[2]二書，重演繹法而輕歸納。笛氏對於各別事項之統屬於原理，深覺其快美之逾恆，居常慇懃講說眞理中之愉快，歎爲世界上純潔無瑕之唯一樂事也。

同時氏亦如培根之不信任於亞理斯多德之論理學，每謂尋常語言，在研究事物眞理者視之，毫無價値可言。探求眞理，必賴乎方法。笛氏常以鐵工自比，於工作之先，必利其器。

1. *Discourse on Method*　　2. *Rules for the Direction of Mind*

按笛氏之發見方法，非澈底認識爲是，必不承受假定爲笛氏所反對，鞏固之證明則力主之。惟完全明瞭者，乃始信任之。其崇尙信實處與算術幾何之例證相等。此種嚴格判斷之態度，誠科學思想之特點也。

又笛卡兒遇困難問題，必解析之以求其答案；其演繹法之中間步驟，未嘗或缺，惟數值詳解則僅求合法而已。其法常按一定次序；不尙躐登，乃從簡淺易解者進而至高深耳。

笛卡兒之興趣不在算學之支科；而喜建立一普遍的算學，卽關於級次及計量法之普通科學也。笛氏視各種物質以及人之體格，猶一機械，皆能根據算學原理以解釋之者。惟笛氏之興味最親切者，莫如數之關係與幾何比例是已。

笛卡兒知解悟之必賴乎其他智力，乃於其算法中求得線之應用，蓋如笛氏所謂，最簡單而最易於設想者，莫此法若矣。按笛氏之意見，欲記憶或聯屬數種關係於一時，當以某種公式解釋其關係乃可，而公式則以尤短爲尤便。欲得此公式，則必取求於幾何解析法與代數學之最善者，而後能以一法糾他法之謬誤也。

總之，笛卡兒乃純粹之算學家，而亦牛頓及其他科學家之先導；同時笛氏又創立一確切之科學方法，此法乃笛氏自信可應用於人類思想之各部分者也。氏嘗云，『此等理解之長索極爲簡便，幾何學家常應用之以完成其最困苦之證示，余因是自思，人智所認識之萬事萬物，或者亦若是之互相聯結，惟有一事宜注意者，萬不可承受不眞確之事理，苟能常守此程序，自一理以演他理，則眞理雖遠，卒未有不被求獲者，眞理雖祕，亦未有不被發見者也。

參考書目

Francis Bacon, *Philosophical Works* (Ellis and Spedding edition), Vol. IV, *Novum Organum*.

J. J. Fahie, *Galileo; His Life and Work*.

Galileo, *Two New Sciences*; translated by Henry Crew and Alphonse De Salvio.

William Gilbert, *On the Loadstone*; translated by P. F. Mottelay.

William Harvey, *An Anatomical Disquisition on the Motion of the Heart and Blood in Animals*.

T. H. Huxley, *Method and Results*.

D'Arcy Power, *William Harvey* (in *Masters of Medicine*).

第七章 計量之科學——泰古刻卜勒，波義耳

計量權衡之明晰思想，乃科學界之所實明乎此，則知十六世紀末與十七世紀初，計量法之益臻精密，與夫眞確儀器之發明，皆隨科學之進步而起，固不足怪也。在此時期所改良者，有簡單之顯微鏡，發明者，有複式顯微鏡，望遠鏡，量微表，氣壓計，測溫器，溫度計，擺鐘，又有象限儀，六分儀，渾天儀，觀象儀等之改製。

計量乃計數之一種，而權衡則又計量之一式也。事物之等與不等，吾人皆得而計數之。若計量權衡，則必以標準擬之而後計此單位之倍數——如斗、升、斤、兩、小時等。吾人之計量常應用於均等之展延，如以丈尺計田地，以日球之直徑計空間，而時間之分段又皆出於吾人之臆定。人之智力，因與複雜之事物相接而益臻發達，然苟無分段、權衡、計量、計數之法，則對於吾人之環境，必不能具明晰之科學思想矣。

計量時間之長短，不能恃乎吾人內部之感想；即此種感想，吾人亦無從判斷其是非，更不能言時間進行之爲遲爲速也。以是不得不採用客觀的標準之時鐘，或旋轉之地球，或其他可供計時之物，以

謀計時之精密。衡重量熱，其理亦同，吾人萬不能依賴於主觀的感想，當製計量之器械，藉器之行動以記錄壓力或溫度之高低。

『上帝以長短、數目、重量之不同而整理萬物。』科學家不明現象之數量關係，不能自足。其必求之於數量與比例者，是卽畢達哥拉斯之科學思想也。

原始民族不明數目之關係，前文亦言之。多數古代之文字，所有數字高不過五。然此非謂原始民族不辨大小數之差別，特精密之度隨文化而俱進，如商業醫藥興，則權度之用益切，科學之精密恃乎文字及其他表數之具。自初用指趾起，以至粗簡之符木紀數之繩結，簡單之算盤，而人類遂遞進而至完備之表數，且採用更精密之器械焉。

此項進步之最大貢獻者，爲丹麥著名天文家泰古・布剌（一五四六至一六〇一年間人）氏於一五九七年前完成其大象限儀於烏拉尼堡[1]觀象台。氏名之爲泰古象限儀。此儀爲一刻度之弧，用五吋闊之白銅製成，厚二吋，半徑六又四分之三呎，銅面光滑可鑑。每度均分爲分，每分又分六格，每格復分爲十秒，以銅面列成斜線之點誌之。

此弧裝置於觀象室中北指之壁，以螺釘連之，俾無移動之虞。弧之凹面正向南天，可與下自地平線上至天頂之全部天子午線，作精密之比較。室中南壁，在象限半徑相交點之上部，穿一方孔，置磨光

1. Uraniborg

泰古象限儀

之白銅圓筒於其中，筒之外邊可以啓閉。刻度弧上有視孔二，能自一點移至他點，任從一孔即可觀察。

視孔中有上下左右之平行狹孔。設從子午線中同時量經緯兩度，則須依照四項規定行之。凡學生之實習觀察者，一人將所觀經緯度角之度數分數等一一朗讀，俾第二人得以記錄。第三人則當觀察者示號時，記兩鐘面之時刻。此觀察時刻亦由第二人記之。兩鐘所記時刻為分數及較小之時間；然欲得完美之結果，非嚴加注意不可。觀象台中有四鐘，其最大者有三輪，其一純係堅銅製成，有齒一千二百枚，直徑二吋。

台中四壁懸圖畫多幅，以掩壁上之空穴；泰古坐桌旁，態度安詳，一手按書，一手指導其學生之工作。其頂上為一自動之渾天儀，乃泰古所發明，以其私費製於一五九〇年者也。球之上為泰古圖書之一部分。兩旁各懸其贊助人之肖像，一為丹麥王腓特烈第二[1]（卒於一五八八年），一為索非亞后[2]。其他圖中所繪者，皆台中之儀器設備。泰古之弟子至少有七八人，餘年幼者不計。圖中尚有泰古之大銅球，直徑六呎。又一部為泰古之化學試驗室，氏所費於此者甚鉅。其足旁臥一獵犬——甚敏慧且忠事其主；犬之臥此，所以示其主之尊嚴而聖明也。建此觀象之專家與助理泰古之二美術家，皆描繪於圖中，一在佈景中，一在圖上部之落日中，一在更上之花紋中。

此最大象限儀之主要應用，為測量星之仰角，可至一分又六分之一之微。對準星光之法，以視孔之一為之，令其平行之狹孔與圓筒面上之孔對成一線。高度之記錄，視刻度弧上視孔之位置。

1. Frederick II　2. Queen Sophia

泰古頗欽佩哥白尼之學說，惟哥氏之行星系統，則不爲泰古所承認；氏以爲天文學之發達，全恃乎忍苦之觀察耳。氏受丹麥諸王之護持者凡二十餘年，以有專心研究之良機。呼恩[1]島賜爲泰古之私產。又供給一設備完善之觀象台，內附印刷機及儀器製造廠。且如上言，才幹之人員則隨泰古之指揮。迨離丹麥後，至一五九八年其所著天文學書（原名 Astronomiæ Instauratæ Mechanica）成，其書中所述，大抵讚揚其呼恩島天文台中之樂事，該島氏每稱之爲金星島。此書乃爲王家而作，內插圖二十面皆天文儀器之彩圖（此壁象限儀自亦在內），及烏拉尼堡觀象台之外景。著者頗自知其尊貴，『尊嚴泰古』之名，誠當之而無愧也。其所得結果大多賴其觀察時所用器械之完善，至一六〇一年而泰古卒，其艱苦之記錄皆於生前傳之於賢者。

刻卜勒約翰[2]（一五七一至一六三〇年間人）於一六〇〇年受聘至波希米亞之首都，爲泰古之助理員，未數月即受泰古之付託，計有七百七十七星之觀察記錄，是爲其一六二七年所製路德福星表之根據。刻卜勒之才適足以補泰古之不足。氏富於理想，能就其觀察而予以解釋。其天文之學非徒恃記錄而已，且欲求理論上之解釋也。刻卜勒頗具美術家審美與和諧之觀感，故於行星運動之數量關係，常能於證明之前加以預測。氏嘗根據泰古之事料，作火星之特殊研究，遂發表其結果於一六〇九年（見其新天文學[3]一書），謂（一）每一行星皆依橢圓軌道而行，日處其一焦點上，又（二）

1. Hven　2. Johann Kepler　3. *Astronomia Nova*

自行星至日之有向半徑，其掠過之面積與時間成正比。所幸者，刻氏所專心研究之行星，其軌道適大異於圓形，此其所以能成功也。嗣於較後之著作宇宙之和諧[1]中，宣稱其贊同於畢達哥拉斯之見解，乃證示（三）任何行星，其週朝之平方，適與其對日平均距離之立方成正比。

一六一四年納披爾[2]・約翰發明對數法，用代繁重之計算，刻卜勒之研究，頗利賴之，或謂此法不啻倍增天文家之壽紀，斯言誠然。約於同時，刻氏因沽酒，見酒商估計酒器容量之法，心甚奇之，乃以數日之力，推究此求積之問題，至一六一五年發表其酒瓶立體容量之論文（原名 Stereometria Doliorum），後之著作家遂因此一文而引起立體容積之精密算法。刻氏之助他科學家者甚大，而自助亦甚厚也。至一六一〇年，刻氏又獲一精密之工具，為天文學進步上首要之儀器，卽伽利略之望遠鏡是也。

按古代望遠鏡之歷史，二鏡相對之功用，早為科學家所通曉，惟不知此理之用耳。當初首用透視鏡者，實於無意中成此發明。最先製造透視鏡者，在荷蘭之密得爾堡[3]，一名紮卡賴阿斯[4]，誤作冉森[5]，又一名立拍喜[6]。伽利略之知此器械，在一六〇九年之七月，末幾卽製成一強力之觀察儀器，由此鏡觀物，可縮近三十倍，較諸肉眼所見，幾可放大至千倍。伽氏遂能窺見月球上之山嶺，繞木星旋轉之衛星，及日球上之斑點；惟伽氏之鏡，僅能觀見土星不完善之印像。此等事實皆刊布於一六一〇年（見其 Side-

1. *Harmonics of the Universe*　2. John Napier　3 Middelburg
4. Zacharias　5. Jansen，　6. Lippershey

reus Nuncius一書），自是伽氏贊助哥白尼之學說益力。伽嘗作書與刻卜勒，笑謂哲學教授皆畏懼不敢視此鏡，恐墮入邪魔也。此德國天文學家（刻氏德籍）嘗於數年前著天文學之光學，至一六一一年，又著透光學[1]，是爲望遠鏡學說最初之完善論文。

約一六三九年，英國少年加斯科印[2]發明量微表，使觀察者可以極精密之度較準望遠鏡。在量微表未發明以前，欲得精確之度，誠爲不可能事，蓋遠鏡之較準須賴肉眼判別之。故量微表者，乃精確計量法之更進一步也。例如加斯科印所量日球之直徑，其數量之精密，直可與近世之天文學並駕也。

顯微鏡之歷史與望遠鏡相關甚切。在十七世紀之前半期，即有簡單顯微鏡之用。顯微鏡之製發源於凸透鏡，而此鏡則如前章所述，雖非遠古所有，當已有數百年之歷史矣。雷汶胡克[3]於一六七三年前用簡單之望遠鏡研究小動物之構造，後十年且獲見微菌之形態。當十七世紀之初期，紫卡賴阿斯以復式顯微鏡獻呈於荷蘭主將摩里士親王[4]及荷蘭總督亞爾伯特公爵[5]。克希爾[6]（一六〇一至一六八〇年間人）嘗用一顯微鏡，可將微小之物放大至一千倍。又馬爾丕基[7]於一六六一年能以復式顯微鏡觀見肺內自細動脈至細靜脈之血流，且以之觀察活蛙之膨脹氣囊。意大利之顯微鏡專家，除多數之成就外，復以之證明一六二八年哈維所倡之學說。

在此同一時期中，他種精密器械亦漸發達。垂鍾之鐘，自十三世紀後，皆採用爲計時之器，惟此鐘

1. Dioptrice　2. Gascoigne　3. Leeuwenhoek　4. Maurice
5. Albert　6. Kircher　7. Malpighi

難於管理，且不甚可靠。故雖在十七世紀中，科學家作實驗時，猶喜用水鐘以代。一六三六年，伽利略於其書札中嘗述及製造擺鐘之便利，至一六四一年乃口述其製法，以傳其子焚森佐[1]及其徒偉偉晏尼[2]。伽氏此時已盲，翌年而卒。後伽氏之遺法卒未實行。至一六五七年，乃有海旦史・基利斯當[3]應用鐘於舊式之錘鐘。氏於一六七四年創時表之製法，其行走以彈簧驅之。

伽利略者，確切科學發達之大功臣，而亦有功於量熱器之創製者也。此器發明於一六〇三年前，為一麥桿粗細之長玻璃管，下成中空之球狀。初將玻璃球燃熱之，乃置管於水中，水升入管中之高低，即為溫度之標誌。至一六三一年，累・約翰氏[4]適反其道而行之，以水置球中。此種溫度計之所記，實合壓力與溫度二者之效應。後未久遂有溫度計（即寒暑表）與氣壓計之別。在一六四一年前，始有眞溫度計之製法，以玻璃管用熱驅出其空氣，然後封閉其頂，管中儲酒精以代水。至水銀之用，則在一六七〇年後矣。

古人有自然惡眞空之語，笛卡兒與伽利略皆斥其妄。二氏知眞空之吸水，高不能過三十二呎。又知空氣有重量，後即用以解釋抽吸力之理者也。伽利略有助理員曰托里拆利[5]，嘗推論空氣之壓力，既足以舉三十二呎之水柱，則此力自亦能舉等重之水銀柱。因於一六四三年作一試驗，將四呎長之玻璃管，置水銀於其中，封閉其頂部，而以下端浸入水銀盃中。管中之水銀遂即下墜，至其平面離盃中水

1. Vincenzo　2. Viviani　3. Christian Huygens
4. Jean Rey　5. Torricelli

銀面約三十吋而止。管之上部乃成一眞空。水銀之比重爲十三，托氏因知其假設之眞確，且知管中之水銀，及抽水機中之水柱，皆由於空氣之壓力，卽空氣之重量也。

巴斯噶[1]以爲此力必至高度而漸減。其假設測驗於巴黎之某教堂尖塔上，後又試之於奥汾涅[2]之譜伊得多謨山[3]。第二次試驗之結果，山巔與山麓之水銀柱有三吋之差。後巴斯噶又以虹吸管爲試驗，卒能根據氣壓之理以解釋之。

托氏氣壓表頂部之空隙，名爲托氏眞空，此卽抽氣機之嚆矢。馬德堡縣長鄂圖·封·葛利克[4]，嘗遊歷法意兩國，製成抽氣機一具，能抽盡器中之空氣。其試驗之數種結果在一六五七年時，頗廣傳於世，惟其著作則至一六七三年始刊布之。

波義耳·羅伯[5]（一六二六至一六九一年間人）者，愛爾蘭力兹摩耳堡[6]人，爲著名第一代科爾[7]克伯爵之十四子第七男。氏少時卽熟習關於空氣之各種試驗，及笛卡兒之空氣學說，謂空氣乃由微小而多具彈性之質點集合而成。一六五九年著關於空氣彈性之新力學試驗[8]。其文中述改良抽氣機之試驗，此機係其助手虎克·羅伯[9]按照波氏之計畫而製。

盧芳[10]某教授嘗評波義耳之說，謂卽認空氣有重量有彈性，亦不足以解釋其所獲之結果。波氏因卽刊布其空氣重量彈性之辯護[11]一文。氏自覺能證明空氣之彈力，有時能承托水銀至二十九或三十

1. Pascal 2. Auvergne 3. Puy de Dôme 4. Otto von Guericke 5. Robert Boyle 6. Castle Lismore 7. Earl of Cork
8. *New Expertments Physico Mechanical touching the Spring of the Air* 9. Robert Hooke 10. Louvain 11. *Defence of the Doctrine touching the Spring and Weight of the Air*

吋以上。波氏爲證明其理論，故遂舉行一新穎之試驗。

氏取一堅強之玻璃管，全長十二吋（此項試驗須有一光線充足之梯，該管則以索懸於空中）在玻管下端相距一呎處，取火燃之，使此短足灣曲與長部平行。短足之頂端密封之，並將此段分刻爲四十八等分，每分長四分之一吋。長段之頂部亦同樣分刻，而以水銀自上口灌入。初灌入之水銀僅令其充滿管下之灣曲部。次令管傾側，使空氣可自一段流入他段，試驗之初當令兩段之氣壓相等。次加入水銀，每次短段中之空氣縮減半吋或四分之一吋時，將長管中之水銀高度記下。按波義耳之理解，壓縮空氣所承受之壓力有二，一爲長管中水銀柱之重量，一爲管口之空氣壓力，等於$29\frac{2}{16}$吋之水銀。其所得結果如下：當短管中之空氣自十三吋壓縮爲三吋時，其所受總壓力爲$117\frac{9}{16}$吋之水銀；當其壓縮爲四吋時，其所受壓力爲$87\frac{15}{16}$吋之水銀；壓縮爲六吋時，爲$58\frac{13}{16}$吋；至九吋時，$39\frac{5}{8}$吋。當初作試驗時，短管中之空氣自爲十二吋，其所受爲大氣壓力，等於$29\frac{2}{16}$吋之水銀。波義耳爲特別愼重計，並未從其試驗上作過於普遍之概論。然除試驗結果稍有不整齊者不計外，空氣受壓時，原容積減半，則抵抗力倍增；更減半——例如自六吋減至三吋時——則其抵抗力爲普通空氣之四倍，此顯而易見者也。實則壓力與膨脹互成反比之假設，在波氏固早已有成竹矣。

參考書目

Sir Robert S. Ball, *Great Astronomers.*

Robert Boyle, *Works* (edited by Thomas Birch).

Sir David Brewster, *Martyrs of Science.*

J. L. E. Dreyer, *Tycho Brahe.*

Sir Oliver Lodge, *Pioneers of Science.*

Flora Masson, *Robert Boyle; a Biography.*

第八章　科學之合作——皇家學會

自一六三七至一六八七年之一段時期，可爲科學進步中合作價值之明證。不論信仰、國籍、職業、階級，凡爲人類皆得因此機緣而共同從事於眞理之探求。在此時期以前合作之需要已呈其端，創之者有社交著名之二人，一爲法國之麥爾塞納[1]，一爲普魯士新教商人，哈特力布·撒母耳[2]。

麥爾塞納好通信，未嘗有倦色。其所作書札甚多，常與伽利略，累·約翰，[3]霍布斯，笛卡兒，伽桑狄[4]等函牘往還。其他科學家及哲學家，更不可勝數，故其書札成爲當時學術界之一大百科全書。麥氏乃算學家亦實驗家，富有才智，常提出機巧之問題，供人之討論與研究。笛卡兒嘗因是與霍布斯及伽桑狄互相辯詰，伽氏亦實驗方法之能手也。哈維，伽利略，托里拆利諸人之發見，皆因麥爾塞納而流傳廣遠。其書札在科學會社及科學定期刊物缺乏之時代，人皆視爲學術界之一大通信社。其同志常赴巴黎會集於麥氏之家。霍布斯於一六三六至三七年之冬居巴黎者數月，日惟與此輩科學家晤談也。

哈特力布以地位論，固不逮麥氏，然其勢力之盛實與麥相伯仲也。哈氏仁慈好善，常不惜濟施，屢遭貧乏。其主要之佈施，多在教育及畜牧法之改良，惟性與格里力·賀拉西[5]（亦慈善家，乃紐約論壇

1. Mersenne　2. Samuel Hartlib　3. Hobbes　4. Gassendi
5. Horace Greeley

報之創始人）相近，凡公益事業，無不樂從者。

哈特力布之主要希望，雖非欲令全世界，要亦使英國改正其信仰，此皆係據於教育革新家夸美[1]紐斯之教義，夸乃同胞宗[2]（基督教之一派，創於十五世紀）之主教也。一六三七年，夸美紐斯表示不願發表其最崇重之計畫於公衆，惟夸氏之門人則頗主急進，因自負責私取夸之著作而刊之於牛津，不使夸氏知其事，書名夸氏學術津梁[3]。是書除哈特力布之序言外，內有此大教育家之論文，名基督全知學院論[4]，述教授文藝科學以及各種智識全部之方法。

夸氏與哈氏皆培根哲學之信徒。彼輩與當時多數學者皆受 New Atlantis 一書之影響，此書自一六二七至一六七〇年間再版至十次，中述國立大學之計畫，學友凡三十六人，分組研究——此即今日所謂國立研究院是也。無怪夸美紐斯（夸在學生時代，即受阿爾斯忒德[5]之影響，阿氏即根據培根分類表著百科全書者）於一六三八年，倡言其久蓄於心中之教育事業，非組織大學學會以進行之不爲功也。

一六四一年，哈特力布發表一理想著作，與培根之 New Atlantis 相類，並以之進獻於國會中。是年哈促夸美紐斯來倫敦，又發表一書，名學校之改良[6]。爾時哈之勢力甚大，其計畫即採行於國中。時人皆知哈特力布之名，而哈氏亦頗與英國社會之各階級相聯絡。蓋氏父雖爲商人，初在波蘭，後在厄[1]

1. Comenius 2. Moravian Brethren 3. *Preludes to the Endeavors of Comenius* 4. *Seminary of Christian Pansophy* 5. Alsted 6. *A Reformation of Schools*

爾內，而其母則爲但澤[2]英國公司代表之女，在英戚屬皆係貴族，故哈氏一生居英爲多。英清淨教政府亦善遇之；故雖克倫威爾[3]死後，而哈氏猶與波義耳建設一全國學術會議，以尉爾琴茲[4]爲會長。

夸美紐斯既抵英之倫敦，始知聘氏者係出國會之命。時英國國會急欲解決教育問題，尤以大學教育爲重。培根對於牛津及劍橋兩大學之評論，至是猶存留於人心；國會議員以爲大學課程必須改良，與歐洲諸大學更當聯絡友愛；且議員亦曾顧及科學試驗當由國家津貼之一事。彼輩曾議設一大學校於倫敦，計該處原有一五九七年設立之格勒善[5]專門學校及一六一〇年設立之拆爾息[6]專門學校。當時計畫欲以格勒善專門學校及薩伏衣或溫徹斯特專門學校，歸大學教育家之支配。夸氏之意，計畫之能切實施行者，莫如味羅蘭爵士（卽培根·法蘭西斯）開設大學以促進科學之計畫。然未幾而查理第一與國會發生暗潮，以致大學教育之夢想終成泡影；而奧地利亞之斯拉夫族，知內亂之將起，亦卽取消原議，於是大陸各國俱趨消極焉。

然哈特力布並不因此而放棄其主張，一六四四年，公布密爾頓[7]之教育改良書，並擇其簡要而有效力之教育一文刊之。密氏此文頗有藐視夸美紐斯之意，蓋以夸氏爲異國人，且其名詞之選用，略具培根之缺點也。惟密氏仍與夸美紐斯共同討論大學之組織——此僅字義上而非事實上之研究——並倡議百科教育，根據於希臘拉丁實用科學之作家（如亞理斯多德，提奧夫剌斯塔，伽圖，發祿，維

1. Elbing　2. Dantzic　3. Cromwell　4. Wilkins
5. Gresham College　6. Chelsea College　7. Milton

特魯維阿辛尼加等。）密氏嘗草一建設書院之計畫——乃於大學教育上有極大效力之計畫也。

是年波義耳·羅伯猶爲一十八歲之勤學生，方自國外返英，乃受哈特力布之薰陶。波氏於一六四六年作書於其師問畜牧方法，及關於新哲學派之問題，所謂新哲學者，卽重實用而輕理論者也。後數月乃與哈特力布通信論哲學問題，且致書於其友謂哲學界之柱石皆肯枉屈賁臨，誠足自榮。波義耳所邀宴之諸哲學家，類皆敏慧博識仁慈忠厚之士，爲波氏所傾心，是蓋倫敦皇家學會之精粹也。該會組織確立於一六六二年，波氏爲其先進之會員。約一六四五年始集會於倫敦，有識之士皆共探討於自然哲學——如尉爾琴茲喜論空中及水底航行術；瓦利斯[1]爲算學家亦文法學家；又博學如配第[2]爲政治經濟家，亦雙底船之發明者，年二十與霍布斯同學於巴黎，時在一六四三年至一六四八年，因哈特力布之請，首著實業教育之論文，最後作愛爾蘭全境之測勘，獲家產甚富；福斯德[3]爲格勒善專門學校之天文學教授；哈克·狄奧多[4]來自普法爾次[5]；又有醫家多人，如麥勒特醫師[6]，恩特醫師[7]，恩爲哈維之友，及哥得德醫師[8]，此諸人皆自行試驗，爲人所信賴者，又格力孫醫師爲生理學家，曾於一六五四年著有肝臟等論文。會員每星期集會一次，依次在哥得德家，牛首酒樓[9]，及格勒善專門學校諸處。

尉爾琴茲博士與克倫威爾爲姻兄弟，或稱尉氏爲皇家學會之創辦人，一六四九年氏遷居於牛津，任瓦丹[10]專門學校監督，尉氏乃召集會議於該校，並與瓦利斯，哥得德，配第，波義耳等共行實驗，而喜

1. Wallis　2. Petty　3. Foster　4. Theodore Haak
5. Pfalz　6. Merret　7. Ent　8. Goddard
9. Bull's Head Tavern　10. Wadham

究部遼[1]天文學之窩德[2]氏（後爲索爾茲巴立[3]之主教）亦在內；此外復有著名醫家及解剖家維理思·托馬斯[4]，維氏著有腦筋解剖論[5]及熱症病[6]二書，後一書中論一六四三年內亂時流行之腸熱症甚詳。

同時倫敦每星期一次之集會，亦繼續舉行，其在牛津之會員有便亦常到會。一五五八年時，每逢星期三四兩日在格勒善專門學校開會，除棱[7]氏及路克[8]之演講外，以餘閒爲討論，蓋已成習慣矣。及克倫威爾死，國政紊亂，集會略有間斷，至一六六〇年查理第二即位，會務乃得鞏固。會員之新加入者，有布郎刻[9]爵士，馬累·羅伯[10]爵士，厄味林·約翰[11]，布勒累吞[12]，波爾[13]，虎克·羅伯[14]，考力·亞伯拉罕[15]等。

該會嘗討論永久之組織法，而以一六六〇年十一月二十八日之會議尤爲重要，當時曾提及開設一專門學校之計畫，以謀數理實驗學之進步。後數月發表考力之計畫，由會中出資設一專門學校，聘教授二十人，內四人應長期遊歷以考察科學。其住校之教授十六人，則『當研究並教授各種自然的實驗哲學，包括算學，力學，醫學，解剖學，化學，動物史，及礦，植，原質等史；農業，建築，軍事學，航空學，園藝學；各種商業貿易之祕奧，及其改良方法；各種貨物之製造，各種自然論理學；以及培根所擬自然史目錄中之各科。』按皇家學會初期正史（一六六七年斯普剌特[16]作）所載，謂此項建議頗促成該會組織計畫之採訂。考力甚願任教育青年之責，其所費於此者甚鉅（計英金四千鎊）『至其他項計畫今亦多由皇家學會爲之施行也。』

1. Bulliau　2. Ward　3. Salisbury　4. Thomas Willis
5. *Cercbri Anatome*　6. *De Febribus*　7. Mr. Wren　8. Mr. Rooke　9. Lord Brouncker　10. Sir Robert Moray　11. John Evelym　12. Brereton　13. Ball　14. Robert Hooke
15. Abraham Cowley　16. Sprat

結社條例批准於一六六二年七月，後查理第二自承爲皇家學會之創辦人及贊助人，以謀自然科學之進行。查理始終贊助此多人合作以發見眞理之組織。查氏嘗提出航海問題，並請該會以更精密之方法測量緯綫度數。氏頗尊重科學研究之民治精神，足以見其應變之才，又嘗介紹格郎特·約翰於皇家

牛津瓦丹專門學校

學會，格氏著有死亡統計表，初刊於一六六一年。格氏乃倫敦一店主，查理謂學會中如再見此等商人，

應立即允其入會，無稍遲疑也。

按該會公認之原則，不論宗教，國籍，職業，皆得自由入會。斯普刺特謂本會之主旨，非欲建立英格蘭，蘇格蘭，愛爾蘭教王式新教之哲學基礎，乃欲安立全人類哲學之根基，此則會衆所公認者也。會中（大多數皆嫉惡戰爭）之所求在建設一全世界之文化，或如彼輩所謂，使各文明民族得永久增進其智力。即以該會特殊之目的論，對於各民族，亦有優遇之必要；蓋凡爲完善之科學家或哲學家，當如北方民族之勤學好問，與夫意大利西班牙人之嚴謹善疑也。來自日耳曼伯爵國之哈克，乃會中最早之會友，一六四五年之集會，即哈克所建議，瓦利斯甚信任之。鄂爾敦堡[1]來自布勒門，[2]與尉爾琴茲同任會中秘書，與國外通信甚多。荷蘭之海亘史爲一六六三年基本會友之一。他如奧[3]左特，[4]索皮爾，[5]不倫瑞克公爵，[6]部遼喀西尼，馬爾丕基，[7]來布尼茲，雷汶胡克，[8]文司洛普，[9]及威廉·羅哲爾等，皆見於初十年間之會員錄者也。此世界學術中心之會社，設於倫敦，固較牛津爲宜。斯普刺特以爲倫敦乃大學哲學之天然地點也。

如上所述，皇家學會之於各界人士，皆抱平等容納之態度。故學會中人咸具友愛之眞精神。其會員之職業，有醫家，教授，宗教界，官吏，海陸軍，商界，農界，及其他各實業界，無不備具。社會階級，俱爲打破，且會友經多年來政治宗教之爭而益趨沉靜，惟互相扶助，以求科學之進步，謀人類之福利而已。彼輩

1. Oldenburg　2. Bremen　3. Auzout
4. Sorbière　5. Brunswick　6. Cassini
7. Leibnitz　8. Winthrop　9. Roger Williams

發表之宗旨，在求各職業之改良，上自上將軍，下至技藝。而特爲注意者，則爲商業，工藝，及發明之鼓勵。會中有八委員，其一任商業史；又一人管理工藝發明事務，一六六二年王下令，凡新發明品非經該會審查，不得註册專利。大多數之發明皆出自該會會員——如虎克之溫度表；波義耳之浮秤（即量液體密度或比重之器），可供查察僞幣之用；又棱[1]·克利斯多福爵士（時人皆以雷翁那多·得·芬奇目之）發明驗風器以記錄風之速度。第三委員從事於農業，學會博物館中收集珍奇產物甚夥。嘗有某會員倡議對於最明白簡單之現象，亦當予以注意，否則所學者，惟是自然界之神奇，而非其眞實之歷史矣。會員之研究，既皆抱此直捷簡明之精神，故其所用文字亦都爲技匠鄉野之語，而非文人學士之辭也。

學會中自亦多富貴暇逸之士，『逍遙自在而不受拘束者。』此等人在會中有二用。其一足以阻遏急求實利犧牲眞理研究之趨勢，使不致過重實用，如該會某會長所言，反令眞理智慧棄若敝屣。其二彼輩足以阻止領袖者之武斷，及信從者之屈服。彼輩深知教授學識，而能使學者不入歧途，殊非易事，且沉靜之智慧，每易受雄辯之欺朦而自餒。故學會中無崇奉之泰斗，惟以『言不足徵』[2]一語爲其會訓耳。

會員之抱此態度，自有其主旨與方法爲之助。夫以實驗方法探求科學眞理，自於武斷主義爲不

1. Sir Christopher Wren　　2. Nullius in Verba

利。該會初期之集會，以試驗與討論並行。彼會友等承認通力合作，則智力可以提高，遠較孤意獨行為勝。因是歡迎各別之見解，及旁觀者之常識的評判。譬如英國內亂時，普通公民能自保與兵士等，故非專家之貢獻於討論者，不當藐視之也。會友皆知避免種種狹隘偏執之見，既不願效書生之拘泥，復不欲結黨以自固，惟有識之所公證，是其所實耳。彼輩以實驗方法探討眞理之見解，甚至謂「眞實之試驗有一事不可離者，即萬不可用固定之方法，亦切不可為常例所限。」由此可見皇家學會自始即具合作忍毅之精神，而從未有一毫嫉妬失和之事者也。

學會中之發刊物，未嘗非合作上一大要事，其所與接觸而激勵於人者，實影響及於全科學界也。其所刊哲學彙報[1]，初出版於一六六五年，為近世科學發達史中最重要之材料，此外印刷之重要著作甚多，左列各書足為其早年成就之證：

Hooke, Robert, *Micrographia: or Some Physiological Descriptions of Minute Bodies made by Magnifying Glasses*, 1665.

Graunt, John *Natural and Political Observations ... made upon the Bills of Mortality with Reference to the Government, Religion, Trade, Growth, Air, Diseases, and the several changes of the City*, 3d edition, 1665.

1. *Philosophical Transactions*

Sprat, Thomas, *The History of the Royal Society of London for the Improving of Natural Knowledge*, 1667.

Malpighi, Marcello, *Dissertatio epistolica de Bombyce; Societati Regiæ Londini dicata*, 1669, (On the silk-worm).

Evelyn, John, *Sylva or a Discourse of Forest Trees*, 1670.

Horrocks, Jeremiah, *Opera [Astronomica] Postuma*, 1673.

Malpighi, Marcello, *Anatome Plantarum*, 1675.

Willughby, Francis, *Ornithology* (revised by John Ray), 1676.

Evelyn, John, *A Philosphical Discourse of Earth, relating to the Culture and Improvement of it for Vegetation*, 1676.

Grew, Nehemiah, *The Anatomy of Plants*, 1682.

Willughby, F., *Historia Piscium*, 1686.

Ray, John, *Historia Plantarum*, 2 vols., 1686–88.

Flamsteed, John, *Tide-Table for 1687*.

Newton, Isaac, *Philosophiæ Naturalis Principia Mathematica.* Autore. Is Newton.

Imprimatur: S. Pepys, Reg. Soc. Præses. Julii 5, 1686. 4to. Londini, 1687.

學會既命牛頓之自然哲學之算理一書，應予刊印後，始知會款已因刊行尉羅比[1]之書而告罄。因卽公推嚇列[2]審查此書，並請氏出資印行。未幾，皇家學會會長皮普斯·撒母耳[3]願爲牛頓領取該書之執照。

嚇列之所以助成此算理者，非徒擔任印刷之資而已。一六八四年，氏與棱氏，虎克，及皇家學會他會員，共議此書理論，僉謂刻卜勒之第三律果眞，則各行星間之吸力必與距離之平方成反比。然則在中央吸力與距離平方成反比之情形下，行星之軌道應作何狀？嚇列見牛頓已斷定此軌道必爲橢圓形。牛頓之研究引力問題，約十八年之久，惟因數點未決，遲遲不欲發表，及嚇列請之，乃始成此書。

其書中有云『余始以（時在一六六六年）引力之理，推之於月球之軌道，……復將維持月球於其軌道之力與地面之引力相較，乃二値頗爲相合。』同年三月，虎克亦於地面各處試驗向下向上之引力，以報告於學會。在牛頓之發見中，處處皆有合作者之記載可見也。

計量行星軌道之事料，以最先之皇家天文家夫蘭斯提[4]所供給者，較爲精密。牛頓之離心力定律係採自海旦史。其足使牛頓之思想停頓者，有二疑點在——一爲計量子午線事料之精密度，二爲球

1. Willughby　2. Halley　3. Mr. Samuel Pepys
4. Flamsteed

牛頓爵士

殼對於一外點之吸力。關於第一事，吾人已知皇家學會研究甚久，而皮伽耳[1]曾受科學社[2]之指導，從事於地球之計量，至一六七二年進呈其結果於皇家學會，牛頓頗注意之。第二難點係由牛頓於一六八五年自解之，氏證明一組同心球殼對於一外點之作用，猶之其質量集中於中心然。氏以此方法計算行星，恆星，彗星，以及其他天體皆如點與點間之力線作用，而『宇宙間一質點與他質點之相吸，其力隨相互距離之反平方，及相吸點之質量而變。』氏乃從此定律推知地球之兩極必成扁平；又自此計算月球與彗星之軌道，並解釋歲差，潮汐，月地質量之比，日地質量之比等。無怪拉普拉斯[3]稱牛頓之算理一書，為人類智慧上最特著之產物也。而與牛頓同時諸人，若嚇列，虎克，棱海亘史，都遼，皮伽耳等（刻卜勒及其前此諸人更無論矣）及此諸人所入之學會，無不與牛氏合作而同享其成，然牛頓之豐功偉業，不以此而有所虧損也。且牛頓之才，雖自有其獨立不阿之精神，而其與人合作之處，甚為顯著，牛氏之學問實乃智識系統之一部，而受自然律之支配者也。

皇家學會成立未久，即有委員之指派，以與各處私人社會互相通信，藉謀合作。會長馬累·約翰爵士曾與法國之蒙穆特[4]通信，蒙自麥爾塞納死後，成為巴黎科學界之中心。當十七世紀之末年，此輩科學家自視為法國之領袖，乃於一六六六年正式組織，定名為皇家科學學會[5]。最後乃有德國之來布及茲，在一六七三年曾為皇家學會會友，後任職於不倫瑞克公爵處，至一七〇〇年乃發起組織普魯[6]

1. Picard 2. Académie des Sciences 3. Laplace
4. Monmort 5. Académie Royale des Sciences 6. Prussian Akademie der Wissenschaften

士科學學會於柏林。

參考書目

Sir David Brewster, *Memoirs of Sir Isaac Newton.*

E. Conradi, *Learned Societies and Academies in Early Times*, Pedagogical Seminary Vol. XII (1905), pp. 384-426.

Abraham Cowley, *A Proposition for the Advancement of Experimental Philosophy.*

D. Masson, *Life of Filton*, Vol. III, Chap. II.

Thomas Sprat, *The History of the Royal Society of London.*

The Record of the Royal Society (third edition, 1912).

第九章　科學與爭自由——佛蘭克林·卡雅明

皇家學會自牛頓算理發行而後，頓成一光明之時代，而其會友中最足爲此時代之代表者，莫佛[1]蘭克林·卡雅明（一七〇六至一七九〇年間人）若矣。佛蘭克林之所代表十八世紀者，在其猛進之學問，社會及政治解放之事業，佛氏於其長時期之奮鬭中，知惟科學足以與愚昧迷執之惡勢力相周旋，蓋當時此種勢力在英美等國，皆足以妨害靑年思想之發達者也。

或謂佛氏出於自由之世系，其先世既非顯貴，亦未嘗爲奴屬，此語頗屬可信。當中世紀時，歐洲各國之人民，階級日趨於懸殊。惟佛氏先世居於諾坦普呑[2]之附近，數百年來，世無聞者。嘗聯合革命派，反對教王之權位。嗣執鐵工及牧人之業者，凡數世。佛蘭克林之高祖，嘗因作詩譏嘲省中大僚，爲所幽禁。高祖生四子，長爲鐵匠，穎悟好學，後改業律師，以幹練急公聞於世。其三子皆業染色。佛蘭克林之父佐[3]賽亞及其叔卡雅明，皆不從英國國教者，遂有遷居美國之計畫，以求享受宗教上之自由。

佛蘭克林·卡雅明生於波士頓，在其父遷美後之二十一年。父生十子，佛爲最幼，諸子皆習商。其父爲人富判別力，常鼓勵家人習會話術。其叔卡雅明遷美較後，最愛其同名之幼姪。叔與外祖父皆能

1. Benjamin Franklin　2. Northampton　3. Josiah

詩，所作皆以非戰伸自由爲旨，叔擅文辭，而外祖則高雅曠放，正如其外孫所言也。

初佛蘭克林欲入教堂爲收稅員，嗣因無力入大學，議遂罷。入拉丁文法學校一年後，又入一書算學校，才一年卽輟學。年十歲卽助父理業，卽今之製燭工與製皂匠也。氏常有入海之志，其領袖創業之精神，已於此露其頭角焉。其父嘗攜之觀木工，砌磚工，銅匠，刀匠等工藝。氏自此遂好手藝。後習於書癖，乃爲學徒於其兄詹姆士，詹於一七二〇年發行[1]新英國報，是爲美國刊行之第四種報紙。

佛蘭克林少時所讀諸書，有聖地紀遊，某種史記，一航海學書，新教辯論文，[2]波盧塔克之生活，是書頗充滿希臘人自由之精神，又[3]馬得博士之旅舍主人及[4]笛福之計謀論。佛氏之思想言辭似得力於後之二書頗影響於其一生之大事業也。笛福乃堅決不信英之國教者，嘗就學於某書院（依據密爾頓之計畫所設立者）於英史及近代史尤所專習，嘗創議設軍事學校及其他計畫，如改良方言學校，及婦女學校等。笛福以爲文明之耶教國而猶反對婦女求學，是直蠻族耳。婦女當教之以書，尤當知歷史之學。在笛氏之意，婦女之心靈與男子等，其處事能力不亞於男子，今以上帝之萬能而僅使之作管家，烹飪，奴隸之役，謂其尊重婦女，殊未敢信也。

至一七二〇年，卞雅明航海之志猶縈回於心中，然在印刷局中讀書頗易，氏知欲去波士頓寡陋之習，固自有博聞廣見之道，不必急急於遠行也。斯時復有一好書成癖之童子，名[5]叩林斯·約翰，佛嘗

1. New England Courant
2. Plutarch's *Lives*
3. Dr. Mather's *Bonifacius*
4. Defoe's *Essay on Projects*
5. John Collins

與之辯論婦女教育事。其論辯皆用書札。佛蘭克林因其父佐賽亞之善評，遂藉通信辨難之機會，以增進其文才焉。

自是乃進讀愛迭孫[1]之文報，陸克之人類解悟論，[2]為近世心理學之濫觴；論理入門，[3]舊教名人述巴斯噶氏之作；陸克弟子叩林斯之著作，其自由思想論發表於一七一三年；[4]沙甫慈白利[5]之道德名著（一七〇八至一七一三年），皆係主張自由發揮正義，痛恨專制壓迫之作。氏既遍覽諸書，思想為之大進，而愛好自由之心更油然而生矣。嗣又觀色諾芬[6]之筆記[7]數頁，得見蘇格拉底之論法，遂據為己有，以除武斷之習。

未幾而佛蘭克林已成為印刷業之專家，且常投稿於其兄之報紙。佛氏在兄處學習凡九年，其兄每遏抑之甚，或鞭笞隨之。卞雅明在此時所受之苛遇，實使之深感專制權力之可憎，乃終其身所不能忘者。氏自此欲脫逃此束縛之心甚切，後服務於店中者又五年，始克償願。佛蘭克林・詹姆士因其出版之新英國報有觸犯當道之言論，被傳至議會，判監禁一月，此時一切報務，俱由卞雅明為之代理，卞於報上力袒其兄，且抨擊當局之非。後詹姆士被釋，當局令其報紙非經省祕書處之監督，不得發行。詹欲免此困難，乃用卞雅明之名發行新英國報，而己則宣告退職焉。然猶恐其巧避之計為人告發，乃予卞雅明以履行其契約之權，而同時則與之簽訂一祕密之新約。既而此兄弟間發生口角，卞雅明知其

1. Addison　2. Locke's *Essay on the Human Understanding*
3. *Port Royal Logic*　4. *Discourse on Freethinking*
5. Shaftesbury　6. Xenophon
7. *Memorabilia*

兄決不能以新約訴語於法庭，乃實行其自由以一走了事，後卞氏深悔之，蓋此舉非高尙德道之所許也。

卞在波士頓既不能另謀他業，又以破壞新約，受老父之譴責，且社會上亦頗以卞之好譏諷奉邪說爲非，以此種種，乃不得不謀生於他方。卞氏自波士頓出亡時，年僅十七歲耳。

至紐約，無工作可得，乃歷受困苦，於一七二三年之十月行抵非列得爾菲亞[1]。氏離波士頓時，既未攜介紹信札，而囊中所有，僅餘荷銀一圓，銅幣一枚而已。然有業斯有產，卞雅明固自有其生活之道也。其所有之資本，惟恃勤苦忠厚與其印刷之技能，觀察力之強，書本之智識，及作文之才而已。總督歧司[2]·威廉爵士見之，許爲有望之青年，其先紐約總督柏湼特[3]亦深器之。自是佛蘭克林益趨於自由自立之地位矣。

然享受自由愈多者，卽所負責任愈大之謂也。蓋有所過失，則歸責於已矣。佛氏勇於任事，急於進取，年方弱冠，卽任要職。嘗爲友收款未能淸償，心甚懊喪。其宗教道德之信仰，亦搖惑不定，無所趨從。嗣得歧司之勉慰，勸其購置生財，自設印刷局。氏乃請資助於父，不獲，遂於一七二四年終赴倫敦（佯以選購貨物爲事。）

氏居倫敦凡一載半，工作於首都之二大印刷廠，未幾以才幹誠信爲人所重。時英國工藝界人類

1. Philadelphia　Sir William Keith　3. Burnet

多狂飲無度，惟佛氏獨否，其同事頗受其感化，皆效法於其深合衞生之飲食法也。約於是時，有武拉斯吞·威廉者（科學家武拉斯吞之高祖）著有自然宗教之描寫[2]一書，佛蘭克林作書駁覆之，於一七二六年離倫敦前印成一小册，其後則深悔之。[1]

佛氏返至非列得爾非亞，受雇於朋友會之某商人。商人死，乃復爲前雇主之印刷匠。雇主以局務委其管理，復任其自創字模，製一銅版印刷機，在美國爲始倡，並爲新澤稷省印刷紙幣。氏嘗依據波義耳·羅伯之意數次演講基督教義，人遂以自然派（卽信有上帝而不信默示者）目之。同時佛氏之道德見解亦豁然開悟，始認眞理與忠信完整乃人生幸福之要素。佛蘭克林之思想雖出於孤獨，然正所以使其更審愼而不敢疏忽也。至此始自尊重其個性，而決意保持之矣。

至一七二七年，時年猶僅二十一，佛氏糾合少年若干人，組一俱樂部，名曰『機密會』，以互謀商業利益，並討論道德政治自然哲學，爲宗旨。彼輩以仁慈好眞理爲訓。其討論之問題，有關於發行紙幣在商業上之影響，及各種自然現象。又常考察人民權利有無侵佔之處。未及二年，佛蘭克林及其友人某，已自創印刷局，發行一報紙，名曰賓夕法尼亞報[3]。又未幾（一七二九年），馬薩諸塞[4]省議會反對柏湼特總督第一次發表之宣言，而佛氏實爲其領袖，常以激昂之辭力爭美國之民族國家非英國所能制宰；觀此則知其政治之才，固有由來矣。

1. William Wollaston　2. *Religi on of Nature Delineated*
3. *Pennsylvania Gazette*　4. Massachusetts

一七三〇年佛蘭克林收買其股友之資本，獨自經營，是年發刊其問答體之書，討論德行與快樂，此書可為其思想發達之徵。佛於是娶婦，並償其久負之債款，確立其道德規律及其宗教信條。一七三二年始作苦理查[1]一書，書中人雖劣於智慧，而其道德之切實，則可謂人生最善之途徑。

當一七二九年時，佛蘭克林已發行一小冊，名紙幣論[2]。此書論發行紙幣與利率，地價，製造，人口，工資等種種關係，殊切實合理。錢幣缺乏，每使工藝界人因而失意，然錢幣之價值與性質，當從廣論。此文曾宣讀於議會中。當時討論社會，實業，及現狀之文字，以佛氏此書為首創，人遂以美國第一經濟家稱之。自英國下令各屬地嚴禁建造及開設鋼鐵廠後，氏又以同一精神，於一七五一年討論人口問題。佛蘭克林之於科學，好之特甚；而於各科學之研究，皆以同一精神出之。此非列得爾菲亞公民所作諸文，頗受斯密·亞丹[3]，馬爾薩斯[4]，及堵哥[5]之注意焉。

一七三一年，氏倡議建第一所公共圖書館，此館（及一自由印刷局）在佛蘭克林觀之，足使美國農工商人與外國高等人士之學識相埒，且使美國人民皆具愛護自由之精神。是時智識之傳佈甚廣，故佛蘭克林得於一七六六年告英國議員，謂自由之種子已散佈於全美，雖欲剷除之不可得也。既而佛蘭克林任中央議會書記及郵政司，改良城市街道之建築及路燈之設備，首設立救火團，並設美國最初之警備隊。至一七四三年，又出其提倡公益精神，發表其增進美洲英國殖民之實用智識議[6]。是

1. *Poor Richard Almanacks*　2. *Paper Currency*
3. Adam Smith　4. Malthus
5. Turgot　6. *Proposal for Promoting Useful Knowledge among the British Plantations in America*

文乃建設美國哲學學會之計畫大綱。與倫敦皇家學會之通信，此時早已成立。由此可見佛蘭克林實與百年前之哈特立布，波義耳[1]，配第，尉爾琴斯等具同一之精神。而佛蘭克林實匯集此諸家科學思想與實用技能之大成。若彼輩之於工藝，則僅屬虛願而已。

在一七四三年中，有一月蝕發現，惟非城因受東北方之風雨所蔽不得見，在波士頓則當風雨來時，猶可見之。此事乃佛蘭克林於觀察後約一小時聞之於其兄者。佛蘭克林略知火爐之理，嘗作解釋如下：『當余煙突中起火時，自室門至突口常有空氣流行，惟流行之起始則在於煙突』。水輪中流水亦然，水被門閉則如靜止之空氣。門啓則水前進，而亦可言其行動之向後。於是氣象學之原理因以成立，卽東北方之風雨實向西南去也。

佛氏之此項發見，自不致忘其實用之價值，蓋如德[2]斐‧漢符理爵士所謂，佛氏未嘗表示其哲學之假尊嚴，而以普通應用爲不屑爲也。佛氏偶以魔方魔圓（亦稱幻方幻圓）爲消遣之具，既而悔之，以其不合於用也。當其推解風雨進行之問題時，又計畫賓夕法尼亞壁爐之造法，此爐射熱勻足而燃料省廉，適合美國家庭之用。其志在使美國人人爲自由之民，於足衣足食之外，復有安適之居處，良善之教育。

佛蘭克林於一七四七年，成就其科學上之主要貢獻。初佛氏有一通信之友名科[3]林孫（皇家學

1. 配第嘗致書於哈特力布，勸其促進專門之學問。配第主張建一工藝學校，凡專長者予以學位。又議編輯一工商百科全書，以期發明之增多。
2. Sir Humphry Davy 3. Collinson

會會友亦植物學家好研究有用之植物，嘗輸入葡萄樹種於維基尼阿省，[1]）以其最近發明之來丁瓶，[2]並附應用說明書送至菲列得爾菲亞省之圖書館社。佛蘭克林在波士頓時已見此相類之瓶，乃偕其友數人從事試驗。氏閒暇無事，本已數月。今得此不受拘束之自由工作，自快慰無已。至一七四七年三月，彼輩自覺已有所發見，乃由佛氏報告其結果於科林孫。佛氏察見尖銳之桿置於瓶旁，較圓鈍之桿易於取電；又若以尖桿附着於瓶上，則電荷由此散去，欲使之積集瓶上，便不可得。佛蘭克林更進而察知在玻璃之內外兩面電性相反，氏稱其一爲陽電，又一爲陰電。其言曰『吾人稱B（及與此電性相同之物）荷陽電；A荷陰電。』都非亦[3]認識二種電性，由摩擦玻璃桿及火漆桿而得，因稱之爲玻璃電及火漆電。在佛蘭克林觀之，電乃一奇妙之流質，電之現象由於此質發現之多寡及平衡狀態之恢復或阻斷耳。

然其心志所在，在乎電之應用與發明耳。氏乃計畫一『電氣玩具，用來丁瓶二具引動之，能負載大禽鳥，其行動適於火前烘烤之用。』繼又製成一電力『自動』機，然每自恨不能儘量利用其發見也。

迄一七四八年，氏乃自思天空閃電與來丁瓶上之電花多有相似之點，遂自創一實驗方法以證實二者之性質相同。是項計畫實行於法國之馬里。[4]法用鐵桿一，長約四十呎，銳其上端，直立於空中，以

1. Virginia　2. Leyden jar　3. Dufay　4. Marly

冀引取電氣於雨雲之中。命一人守候雨雲之至，至則以玻璃瓶上之銅線觸此桿上。此項試驗在一七五二年五月十日頗為順利；銅線與鐵桿之間有電花發生，並聞得硫磺氣味。此次之後即繼以佛氏著名之紙鳶試驗。一七五三年氏受獎章於皇家學會，以酬其認識天電制勝自然之功；未幾氏當選為該會會友，並任法國科學學會等其他學術團體之會員。至一七八二年時，僅菲列得爾菲亞一處避電針之用多至四百，惟若干守舊者流則以此為不敬耳。以佛蘭克林之秉性仁慈，處事明哲，固無往而不利也。

茲舉其事業之犖犖大者言之，一七五三年，氏任美國郵政司，一七五四年任奧爾巴尼[1]同盟會代表，草第一次屬地聯盟之計畫，翌年為布剌多克[2]辦理運輸以征伐度墾堡[3]，實行分裂，斯時氏頗致力於科學。一七四八年出售其印刷局，冀得專心於物理學之試驗，然以時局擾攘，卒未能償其專心研究之願也。

一七四九年草賓夕法尼亞省青年教育議，後二年乃有第一美國學院之設。佛氏之計畫既若是其精深，若是其合乎民治精神，而根據於個人之經驗，故今之中等學校迄未能完全利用其計畫也。此第一之美國學院特許於一七五三年，最後乃擴充為賓夕法尼亞大學。該校實為美國數千處學校之模範，其與拉丁文法學校及各專門學校之不同處，在該校課程注重於科學及實用之學問。

1. Albany 2. Braddock 3. Fort Duquesne

佛蘭克林之功業，非徒關於經濟學，氣象學，實用道德學，電學，及教育學而已；作佛氏傳略者，列舉科學十九種，皆有佛氏之創作貢獻，或經其評判而改進之者。氏於醫學則發明雙焦點透鏡，並創辦第一所美國之公衆醫院；在航海則研究海峽潮流及水柱，並建議在暴風雨時採用油質之法，及製水船之建築法；在農業則試驗石膏粉用作肥料，並以大黃之用途輸入美國；在化學則供給沼氣之報告，以助普利斯特利之試驗。佛氏早已見及飛機之應用於戰爭。氏知英人過於遲鈍，難以發生氣球之興趣，因作書於其友，謂吾人不當自矜，以阻礙科學之進步。若理查所謂，朝自矜則夕受人藐者是也。某日氏聞人言鳥以斜平面而飛行，遂即鋪紙提筆，評論其飛行之理，足見佛氏事前之觀察，已預備為發明之用矣。以佛氏才幹之敏捷，遂令歐洲之大學問家，皆願為之執鞭焉。

其他科學事業之足述者，則有動物磁性之解析，光之流質觀念（與電同），顏色布之試驗，傳染寒熱症性質之觀念，種痘法，通風法，茹素之主張，燃燒本身煤烟之火爐，汽船之研究，及其自創之發明品（鐘及拉琴等）此項發明，氏不願專利。

其科學上之工作，已舉例如上，然著者猶欲舉其一事言之。早在一七四七年時，氏已好地質之學，曾在[1]阿利給尼山最高部之岩層中，見水中甲殼動物之化石標本。其後氏謂，非昔之海面曾高過此山巔，即此種岩層曾因地震之力而高舉。此種滄桑之變，全無損害於人，蓋將無數不同之地層積集一處，

1. Alleghany Mountains

可使地面更適宜於應用，更予人類以安適之居處也。氏嘗推想若地球自面至心皆係固體，則大顛覆之事必至發生。特地球之面大抵爲殼狀安設於比重極大之流質之上，故地面能因劇烈之震動而破裂而搗亂也。佛蘭克林所記磁學疑問，及地球理論之揣測如下。地球之具磁性，是否由於鐵心之發達？各行星各恆星是否皆具磁性？設有磁力大於地球之彗星行近其旁，能否變更地球之兩極因而毀壞其表面，並增減海之平面？

就其政治事業而略述之，則嘗監察總督與官長之行動，並爲美國盡力於外交，成美國最大之外交家，如簽訂獨立宣言，維爾賽條約[1]，及美國憲法。年八十至八十二，任賓夕法尼亞省最高行政會議議長。年八十四，任廢奴促進會會長，上請願書於國會，反對此壓抑人格之殘忍行爲。後六星期，距逝世不過數星期，猶復出其習常之矯健敏活，酷好自由之精神，以力爭此請願焉。堵哥嘗綜合佛蘭克林一生事蹟而作一絕妙之評語，謂佛氏攫雷電於九天之上，奪威權於殘暴之手；蓋其政治科學之事業同出於其激昂之情感——卽痛恨強權，力謀民福是也。無怪彼提倡人權之法國國會皆深敬此美國之駐法代表（時年七十一至八十歲）。夫以佛氏之明哲溫雅，自足以表現民治主義之偉業者也。

參考書目

American Philosophical Society, *Record of the Celebration of the Two Hundredth*

1. Versailles

Anniversary of the Birth of Benjamin Franklin.

S. G. Fisher, *The True Benjamin Franklin.*

Paul L. Ford, *Many-sided Franklin.*

Benjamin Franklin, *Complete Works*, edited by A. H. Smyth, ten volumes, Vol. X containing biography.

第十章　各科學之相互作用——偉爾納，哈同，布拉克，荷爾斯密・威廉

佛蘭克林謂地殼之下有火狀之質，其時此種見解，尚未爲學者所公認。實則當時關於內部之火，或火山之火如何造成或改變岩石之問題，爭執頗烈。其研究地質學者，目的既各不同，而科學派別又復紛歧，於是人各一說，見解迥異。故地殼學之進步，實全賴乎各科學之相互作用，而由各種見解比對組合而成者也。

偉爾納[1]〔亞伯拉罕・哥特洛布〕（一七五〇至一八一七年間人）在反對火山作用爲地殼形成之主要原因之一方面，實爲最著名最有勢力之領袖。偉爾納生於薩克森[2]，其家任事於採礦與冶金者，已三百年，於玆頗有聲於薩克森。時有阿基柯拉・喬治[3]者，因本地鐵工業俗尙之鼓勵，著有名之冶金學及採礦學書。偉爾納之父爲鐵廠監察員，偉幼年牙牙學語時，其父卽授以礦物標本爲玩具。一七六九年偉爾納被邀入夫賴堡[4]之礦科學校，後三年入來比錫[5]大學，好礦物特甚，至一七七四年著礦物外表特性質一書（原名 Von den äusserlichen Kennzeichen der Fossilien）。次年被聘至夫賴堡，任礦物學教員及博物院院長。氏頗專心於分類法，此點可與自然學者蒲豐[6]或植物學者林尼[7]

1. Abraham Gottlob Werner
2. Saxony
3. George Agricola
4. Freiburg
5. Leipzig
6. Buffon
7. Linnæus

阿相擬。偉爾納知化學之法較爲可靠，惟較遲緩；氏之法則爲實用易知之法。氏觀察礦物之堅度重量，與斷面狀態，卽能迅速辨別，少年時每取快於是，嘗逐譯[1]喀琅斯忒特之礦物學書，內述實用之吹風管測驗法。偉爾納旣能辨認礦物後，乃喜從事於礦物之發見，常探求礦產之地點，其地理上之分佈，及各種岩石之相對位置，尤注意地層並列或堆積之相對關係。

偉爾納擅辭令，教法有系統，娓娓動人，常注重於礦學之實用，未幾歐洲各處，咸聯袂來夫賴堡以就學於氏焉。偉氏之觀察各現象，皆以地質學爲觀點。礦物之醫學效用及其經濟價值，皆知之甚審。又知砂土對於岩石之關係，及二者對於人種特性之影響。他若建築式樣之依磚石而異，與夫高山巨川之關係於軍事，亦氏所旁及者也。嗣又注意於文字之學，以備敍述地質學及確定其名詞之用。[2]洪保德，[3]哲麥孫・羅伯，[4]道步松，[5]威斯（[6]福勒伯爾之師）皆偉爾納之弟子也。一時結晶學與礦物學大盛，熱心研究如[7]歌德，哲學家如[8]謝林，莫不在此新科學之發達中，察物質界如神聖焉。

偉爾納以爲各種礦石皆發源於一化學或機械溶液之結晶，此溶液者，卽原始時代沉浸全世界之大海也。故偉氏之學說爲海洋派，與火山派或[9]普盧托派相反。此派則信地球內部爲火狀之物質。偉氏主張地球之岩層，如胡葱之外皮，山嶺之成，由於岩層之剝蝕與陷落也。以偉氏之判斷，花剛石原始之岩石，其形成先於動植（故此石無有機之迹）由化學沉澱物結成。矽質之泥版石成於械機的結

1. Cronstedt　2. Alex. v. Humboldt　3 Robert Jameson
4. D'Aubuisson　5. Weiss　6. Froebel
7. Goethe　8. Schelling　9. Pluto

晶，較前者爲後。有機物之化石始發現於此期。水層石如古紅砂石，及火成石，據偉氏氏意，皆屬第三類。泥，砂，疊石，火石，爲其次；最後則爲火山爆出之物，如大山石，灰燼，浮石。氏力主火成石發源於液質，其形成時期去今甚近。此部學說未幾即受人之駁斥。其所著可貴之礦脈論文（原名 Die Neue Theorie der Erzgänge），見解較爲正確，然文中猶主前說，謂礦脈乃地面之罅隙，由溶液灌入結晶而成。

當偉爾納未任教職於夫賴堡時，有法國地質學家名得斯馬爾斯特[1]者，嘗專心研究奧汾涅之火成石，得氏又爲算學家，故能以三角術測量該區，並製一地圖，表明各時代之火山噴發口，火山石依河道流行之迹，及火山石，石燼，灰燼，與其他認識之火石產物之關係。一七八八年，得斯馬爾斯特被派爲法國製造業總監，後又任色佛爾[2]造瓷廠廠長。得氏壽至九十歲，每逢海洋派邀彼辯論，則此老人常以一語答之，『去休，且觀其後。』

哈同·詹姆士[3]（一七二六至一七九七年）蘇格蘭特出之地質學家也。哈同常嫉無根據之推測，而以嚴格言之，哈氏實爲一有名之哲學家，觀其所著智識原理三卷[4]，足證此話之不謬。哈氏學於愛丁堡之高等學校及該處之大學，學問甚優。偶聞論理學演講中有關於合強水一例，遂轉注於化學之研究。氏乃從事實驗，卒因發明從煤烟中製造硇砂之法而致富。同時習醫學於愛丁堡，巴黎，來丁等處，並繼續其化學研究焉。嗣受遺田於柏立克州[5]，乃研究畜牧學於諾福克[6]，漸喜於地面與河道之學；後即

1. Desmarest 2. Sèvres 3. James Hutton
4. *Principles of Knowledge* 5. Berwickshire 6. Norfolk

研究此學於法蘭得斯[1]。繼又從事於耕植，成績至優，並推用其新法於柏立克州，斯時頗好氣象學及關於地土之地質學。一七六八年，哈同之經濟已能獨立，遂退隱於愛丁堡。

氏為人和藹，好交際，與斯密·亞丹及布拉克[2]往還甚密，斯密為經濟學家，布拉克則為化學史中之名人，以研究石炭酸，潛熱，及養化鎂，石灰水，并他種鹼性物試驗（在一七七七年）聞。初為算學教授，後為自然哲學教授之普雷非耳，乃哈同之弟子，亦其至友也。愛丁堡之皇家學會成立於一八七二年，哈氏即該會有名會員之一，氏在會中頗得會員及其他名人如羅伯特生·威廉[3]，開姆斯爵士[4]，及瓦[5]特之鼓勵。該會會報第一卷中載有哈氏之雨說[6]及其名著地球說[7]之首章。哈同心懷寬博，熱誠好學，即令瓦特之改良蒸汽機與庫克[8]之發見，不在英而在他邦，亦必為之歡悅也。氏之學問，即不論其取法於物理學家而兼地質學家，氣象學家與植物學家之賀拉西·本泥狄克特·得索緒耳[9]（使歐洲人知自然界之莊嚴者，即此人之力）亦不論其文字學及普通物理學等之研究，已足證示其心胸之寬宏，見解之淵博矣。

氏之志願，常欲引導已得科學中專門智識之人，使其應用已獲之才能，以促進普通科學，或大系統之智識，俾知物質世界之組織，其目的方法俱臻美備也。哈同謂哲學一科，確為人類智識之最後歸宿，亦即各科學應當趨向之目的地也。科學自應促進人生之藝術；然哈氏謂，增進人類快樂之藝術，乃

1. Flanders
2. Black
3. William Robertson
4. Lord Kames
5. Watt
6. *Theory of Rains*
7. *Theory of the Earth*
8. Cook
9. Horace-Bénédict de Sauseure

得之於教育而完成之以哲學者也烏足與各種生活藝術，或各種惟屬獸性之享用相提並論也哉？人必自明其本性自見其在動物中之地位自成爲載道之器。然欲完成其本性，以至於至善，則惟有博究萬物之一法。是故其言曰，「欲哲學化而無正當之科學，則爲虛妄惟研究科學而不習哲學，則其功猶爲不虛也。」

一七八五年春，哈同博士出其地球說之旨，凡九十六面，純用歐幾里得之文字書成。哈氏謂地球乃一供應某項目的之機器，卽所以予動植物以住居之世界而尤要者則爲供應學問家之安身，以思解其秩序與和諧耳。哈同之理論，試以地質取譬於氣候，或可易於瞭解。夫雨下於地百川匯於海；海面蒸汽上升爲雲而循環成矣。以同理言之，泥土成自高山，爲水冲刷淤積於海；凝結旣堅復升爲高山。地球不特爲機械已也亦爲有機之體，能自行修理自行補充終古不息。由是知哈同之解釋地球之組織，分解與回復只恃一總概之原理正如牛頓之詳論物質亦只恃一簡單之吸引律也。

又牛頓之學足以擴大人之空間觀念，而哈同（與蒲豐）之學則足以增廣人之時間觀念。地質學家旣不負解釋事物本原之責；故哈同不究太初亦不測終極同時又不作揣度比擬之辭，不求自然界之因果，或猝然之變故更不信（與偉爾納同）現象發現於今者，或曾不現於他時；其所任解釋之責者，乃各種地質之變遷，出於現在及自古迄今發生之程序者耳。夫以今日錦繡之河山，其成就至此，幾卽自悔其論文發表之過早。其書云，『余每思根據於一二事實之薄弱基礎，卽可得無數之理論，旣而自知惟能完全棄置而不立一說者，斯眞哲學家之事業耳。夫欲積集事實，其勞苦尤過於理解也；有一完善之實驗，其價值勝牛頓敏健之腦力多矣。』

同時德斐選任爲布里斯它爾[1]氣學書院主任，指派之者，該院創辦人柏多茲[2]博士也。該院係由威季吳得·托馬斯諸名人捐資所建。其目的在以實驗方法發明吸食各氣之生理效應，此種氣體，彼輩名之曰『人造空氣。』此等學院之創設，或稱之爲科學界之反常，然今日醫界所用之氬氣，一氬化氮，迷蒙精（亦稱哥羅方）等吸食之氣，未嘗不食該院研究之賜。德斐在未赴布里斯它爾前，亦嘗取少量之一氬化氮和以空氣而吸之，雖當時醫界稱此氣爲傳毒之原素，而德斐不顧也。氏旣至院，則舉行試驗一組，最後得一醫師之助，擔任一重大之試驗。氏在一密閉之室中，吸食多量之假設的毒氣。氏居室中，凡一小時一刻之久，所吸純粹之一氬化氮計有二十夸特。氏乃述其經驗如下：——

『自余胸際以至四肢端末，皆覺震刺。此震刺之感覺漸向四肢推出，頗爲分明，且甚舒適；余之視覺乃發眩，所看之物似若放大，室中聲息皆能聽聞，且能完全明瞭余之處境。漸次舒適之感覺愈增，此時余與外物之關係，完全消失；但見活躍之影像飛馳於余之腦中，此時所感覺惟是全屬新奇之概念耳。余所處者乃一新奇之世界，觀念亦經改變爲新者：余乃推理設想余之發見。及余自此半狂之狀態

1. Bristol　2. Dr. Beddoes

而成礦脈穿過成層之岩石，而顯露於各層之間。其推想後果證實於格楞山坡[1]（及阿蘭島[2]。）哈同之見解既經證實，頗自得意，由是蘇格蘭之鄉導人，疑其至少必獲得金銀鑛也。氏在替爾特[3]江底，能察見半哩以內之六點有紅花剛石之大礦脈，穿過黑雲母片石，足證此脈自下層透出，結成較雲母為早。

哈同覺其所持自然界中有智慧，有統系，有和諧之見解為不謬。即大山與地震，不特非災患，亦非上帝之暴怒，抑且為自然界經濟之一部，此種大力乃堆積地層，注入金屬與火成石礦脈，且保持世界永令適宜於居住之所必需者也。

一七九五年，哈同博士發表其更詳盡之學說，共成二卷。一八〇二年，普雷非耳刊印哈同學說解[4]一書，述哈氏學說頗為簡要，而絕少創見。哈氏於逝世前之一七九七年，常致力於誦讀索緒耳之阿爾卑斯山新著，並預備農學綱要[5]一書。

丹格拉斯[6]之荷爾·詹姆士爵士[7]，雖受哈同地質學說之感化，而主張每與哈氏相反。其懷疑於哈同之假設者，有辯難三條。何以物質熔解之後，不凝結為玻璃，而必為結晶體？何以火成石堅綠石及他種定假之火山石，其組織不同於火山噴出之石？大理石石灰石等，既易於受熱而化灰，何以又能熔解？哈同以為發生地底熱之壓力，實為解決此三項問題之主因？哈同之見解，頗受布拉克之鼓勵，蓋布氏於石灰石有專門的研究，且證明石灰能因其石炭酸之發放而獲苛性。

1. Glen　2. Arran　3. Tilt
4. *Illustrations of the Huttonian Theory*　5. *The Elements of Agriculture*　6. Dunglass　7. Sir James Hall

荷爾更進而推想熔解物降冷之速度，必與火成石之構造有關係。時有利[1]斯玻璃廠發生一事，與此說略相符合，遂激動荷爾之試驗。氏乃取一綠玻璃瓶，令其逐漸降冷，結果成石狀之組織，而非玻璃。荷爾之玻璃試驗，能使其降冷或緩或速，而隨意得何種組織，即同種玻璃，亦能作如是之變化。

後荷爾以數片堅綠石閉置於黑鉛甘堝中，納入煅鐵廠之返熱爐中，使受極強之熱力。（氏嘗請益熱度學於威季吳得[2]及化學家和普博士[3]與墾涅狄博士[4]。）迨沸騰後，令其迅速降冷，則堝中之物成爲黑色玻璃。荷爾將此試驗反覆行之，使之降冷稍緩，結果成爲一中間物質，非玻璃亦非綠石——蓋一種熔滓而已。氏復置甘堝於爐中燃之，再捷移至露火之上，火維持至數小時之久，乃令其熄滅。此時所得爲一純粹之堅綠石。以整齊之火成石及各種火石岩試之，所得結果皆相類。

次乃試驗自維蘇威、挨得納、挨斯蘭[5]等處取得之火山石，則見其性質與堅綠石同。墾涅狄博士以精密之化學解析法，證明荷爾所判此兩種火山石之相似點爲不謬。

既而荷爾取白堊與石灰石粉，閉置瓷管、鎗管及堅鐵鑽成之管中，而以極高溫度之熱加之。氏將此物熔解後，得以結晶之炭酸化物，與大理石相似。在管中之高壓力下，石炭酸仍存留於管內。由此種種試驗，此懷疑師說之弟子，卒證實哈同之學說，而成爲實驗地質學之一大祖師焉。

斯密[6]・威廉（一七六九至一八三九年間人）者，測量家亦工程家也。工作之遺留於斯密者，乃

1. Leith　2. Wedgwood　3. Dr. Hope　4. Dr. Kennedy
5. Iceland　6. William Smith

擴充哈同所稱爲岩層中有機物遺迹之物種記載，並以年代之先後敍列此等岩層，故斯氏實爲歷史地質學之始創者也。以斯密少時之教育言，似乎尚不足以任此工作。其學校教育，惟得之於牛津州之一初級學校而已。然斯密頗諳於幾何之學，年十八，入測量局爲助理員。氏雖乏文學之才，而每能以圖畫言語表達其觀察，其說理之明顯，雖著作家亦不是過也。

斯密少年時，卽從事於礦物之採集，且觀察泥土與植物對於其下面岩石之關係。年二十四，從事於運河平面之測量，始注意地層非爲平面，惟向東下傾『如薄片之麵包奶油然』氏以爲此種現象頗具科學意義。嘗因某處之聘請，得遊歷英格蘭北部之機會，其觀察範圍以是益廣，而運思之矯健，每遠勝於他人。後六年，氏服務於索美塞得[1]運煤運河之建築，任工程師職，氏於此處乃擴充其地層之智識，並應之於實用。

斯密於各種化石（後拉馬克[2]稱之爲有機遺迹）標準本，俱能道其結成之始末，一般採集家頗驚異之。氏且發表其見解，謂『在英國各部所發見之岩層，無論何種皆有同一之遺迹，而無他種。』而更有進者，此同一之遺迹等次在各地層中爲持久不變者。此與偉爾納之說同，特斯密則未嘗知之。斯密嘗口述一書，名英國地層之次序見解[3]論自煤層至白堊層之特種化石，並立各層次序表，此表除在英國外，亦適合於歐陸。

1. Somerset　2. Lamarck　3. *Tabular View of British Strata*

氏製有索美塞得及其他英國十四州之地質圖，頗受農部之注意。圖中明示露出地面之岩層，其目的在供採礦，築路，開鑿運河，及排水取水等工程上參考之助。斯密・威廉既有此科學發見，一時英國公衆對於運河運輸之好尚，乃甚囂塵上。氏之地層研究蓋直接得之於其職務者也。斯密常自稱爲礦物測量家，每年因職務關係及研究地質學之興趣，往往遊歷數千哩。一八一五年氏完成一廣博之英國地質圖，後之地質圖多仿此而作。該圖詳列煤礦，礦脈，運河沼澤卑隰之地，及各種土質與下面地層之關係。

其後（一八一六至一八一九年）斯密刊行其由有機化石辨識之地層書[1]凡四卷，載其觀察事實，頗爲浩博。斯密之用心，尚實用而絕少推測。其學術之影響於屈費兒[2]及其他科學家者，非本章所及，姑從略。然斯密之名於測量家與工程家外，實兼礦物學，化學，物理學，算學，哲學，及各工業各職業，所以貢獻於近世地質學初期之發達者之總代表也。

參考書目

Sir A. Geikie, *Founders of Geology.*
James Hutton, *Theory of the Earth.*
Sir Charles Lyell, *Principles of Geology.*

1. *Strata Identified by Organized Fossils*　2. Cuvier

John Playfair, *Illustrations of the Huttonian Theory.*

K. A. v. Zittel, *History of Geology and Palæontology.*

第十一章　科學與宗教——康德，籃伯拉普拉斯，赫瑟爾·威廉爵士

哈同專注於可觀察之地殼現象，因以促進地質學之研究，而於世界之本原，及地球與天空他星球之關係，則絕不肯以理想測之。然在此同一世紀中，其他科學家與哲學家，於此似難速決之問題，頗爲所感動，彼輩研究所得之結論，影響於此文明世界之科學，道德，與宗教者，誠匪淺鮮也。

宗教之定義，或謂爲驕矜與謙抑之一種複雜情感——即對於神聖的畏懼心——頗與莊嚴之美感同；或謂爲某種統治吾人之高級權力之智力的認識——亦卽某種萬物主宰之認識，或趨向正義之某種社會力或宇宙力之認識；或稱爲以熱誠與光明接觸之道德生活之表現；或稱爲參合此種種本性者：然不論其解釋之若何，十八世紀中所以闡揚而整理之者，實有大貢獻於宗教，而以德國哲學家康德·伊曼紐爾[1]（一七二四至一八〇四年間人）之功尤著，此則未可否認者也。康德與其隨從者之哲學，受當時科學之影響者甚大，此事不難證明之，且以嚴格言，康氏少時實爲科學家而非哲學家也。氏年三十一，著*自然通史及天體論*[2]，觀於此旨，可以見其自科學至哲學之嬗蛻之迹，更可推知其天體本原論之影響於其宗教的概念也。

1. Immanuel Kant
2. *General Natural History and Theory of the Heavens*

關於此項學說之一部份，康德頗取法於達剌謨[1]之來特[2]·托馬斯（一七一一至一七八六年間人）來特爲木匠之子，嘗就業於鐘錶匠爲學徒，既而入海後爲雕刻家及算學儀器之製造匠，漸成富有乃著航海學書，因是被聘爲聖彼得堡皇家學院之航海學教授。一七五〇年刊印其宇宙本原論[3]或新假設一書，書中皆信札，共九封，康德實受此書之激勵焉。著此書者以爲開顯天體之組織，自能表揚道德之原理，而證實造物者之規律。來特之視宇宙，爲無窮數之世界，由一永久之主宰運用之，經過各種變態後，乃底於最後之完成。人既明乎此理，其孰能自抑其熱烈之志向，而不貢其一得之微，以表其欽慕此偉大神聖的主宰之心耶？

來特嘗討論算學決定性之性質，及適於揣想之道德或然性之各種程度（因而指出其不同之點，是爲康德哲學之根基。）氏宣稱日球乃一火燄熊熊之巨體，最遠之恆星亦一日球，周圍亦有行星環繞，其爲此言，自知出於比度之推理，非可立卽證明者也。然此無窮數之世界，正予吾人以無盡量之考查範圍，及無終結之希望景象，吾人未來之快樂，胥肇基乎此。以造物者之偉大心力造作之而包含之，固甚適合於其本然之莊嚴也。

來特之本原論一書，其最精采之部，莫若論天河一節。彼以爲天河之構造，可擬之於土星之環。自中心點觀之，天河之佈置及其運行之和諧，必可辨識，特吾人之太陽系僅占河之一部，吾人所得見其

1. Durham　　2. Thomas Wright
3. *An Original Theory or New Hypothesis of the Universe*

構造者，不過一模糊之印象，惟有藉想像之力，始得真確之觀點耳。種種霧狀之星光，無他，惟密集之恆星而已。其大也，非無窮量不足以容之，其久也，非恆河刼不足以盡之，其成住也，非上帝之神力不足以爲之。次討論廣漠久遠之已知天體之時間與空間，其第九信中謂造物如環狀，或作球狀，吾人可假定球之中心爲天理，卽上帝無遠不瞻之目，若造物果爲真實而非理想，則其形必爲球狀。一切日球皆繞此球，循軌共進，在吾人偏心之點觀之，似乎參差無則耳。再者，空間之大，足以容此許多之星系而有餘也。

康德之學極似來特，亦認天體之研究，有關於道德宗教之概念，其詳論天文細事處，有直採來特之說者，惟增廣而改良之處尤多。康德主張恆星之成系統，正如太陽系之有行星，且在此無限之空間中，必尚有他星系，他天河發生也。一七四二年，[1]摩拍屠伊報告天空中有微小發光之橢圓形，而康氏以爲此卽恆星之系統。康德亦承認來特中央太陽之理想，且擇恆星之一，以居此位，並謂恆星與太陽同，亦一火熱之物體。世界之構造，苟不承認其佈列之井然不紊，不知其關係之完備，皆出上帝手腕敏妙之功者，吾人必不能明瞭也。氏於其[2]普通自然史書中，謂理智上決不能信此爲偶然之工作，必有超人之智爲之規畫，然後以上帝之神力實行之也。

康德於天河與土星環之相似，尤爲奮力。氏不贊同來特之說，以爲此霧狀之面積，不能證其爲恆

1. Maupertuis　　2. *Allgemeine Naturgeschichte*

星或微小之衞星，此二物者要當爲氣體之質點耳。氏乃反覆深思以求其故，因發問言地球亦能如土星之繞有環乎？此環者，何以不可解釋中世紀作家所推想之天水乎？不特此也，設此氣質之環一旦破裂，下沉至地球，則必釀成洪水之浩劫，又天空之虹，或者可以釋爲此環已滅之隱示，而亦此說之證也。然此語不足爲康德維繫道德與宗教眞理之特性矣。

關於太陽系本原之說，德國哲學家假定太陽、行星、衞星、彗星等萬物之始，皆係單純不雜之原質，充滿於空間，今日旋行之天體，卽由此而成。此等自然界之情狀，除虛無而外，似爲最簡單者。在如是充滿之空間，必不能令休止狀態有片刻之持久。其原質之較密者，必依吸引之定律，吸取比重較小之質。拒力與吸力同，亦必作用於散布空間之質點之間。因此拒力之作用，遂使直接下墜之質點，偏向入於圓軌，繞其所吸之中心而旋行。

在吾人之太陽系中，吸力之中心自爲居中之日球。日球之質量增加甚速，其吸力亦隨之而增。在吸向太陽之質點中，其較重者堆積於中心。質點自各各不同之高度向此公共焦點下墜時，其拒力不能適等，故質點不致橫行。事實上終必成立一環狀之行動，以同一方向繞此中央物質而轉，此質復自周圍和諧旋繞之流中，接受其新質點焉。

在日球以外之各質點有互相干涉之作用，以此除一平面外，其他積集俱被阻止，此平面成一薄圓片，與日球之赤道齊。在此繞日旋行之氣體圓片中，因密度之差別而發生類於土星環之帶。最後此帶凝縮而成行星，行星自中央日球向外分離，至向心離心二力互成平衡而止，於是衞星復從行星分離而成。彗星可視爲此系之一部，與行星相類，惟距離日球向心力之控制爲較遠耳。此卽康德之星氣說（謂天體之成，成於雲霧狀之氣質，與望遠鏡中所能見者相似）也。氏以此解釋行星以一方向繞日之旋轉；日與行星之自轉；衞星之公轉與自轉；各天體之比較密度；彗星尾部之物質；土星之環，及其他天文現象。牛頓既見行星之間，並無物質以維持其運行之和諧，遂力言此種佈置實上帝所手訂，並無自然之力參雜其間也。其弟子康德乃復以力學原理解釋此外之許多現象。氏既承認物質之存在，故自知能推究天體之演成，然同時又固守其宗教之地位，不肯假定（如德謨頡利圖及伊壁鳩魯）永久行動，無造物爲之主宰，而徒出乎原子偶然之集合。

康德謂自然界無所不備之說，或者可以否認；然物質作用之普遍定律，實可作爲最高智慧之計畫。上帝之存在，有一可信之證據，卽自然界雖在紛亂擾攘之渾沌時代，亦必依照公律而進行之事實也。卽在渾沌之時，由其原質之主要性質中，可以察其完成之跡，實肇始於其本原。其主要之性質者，蓋卽上帝神智之永久意念之效果也。物質之外表，論其形式與布列，僅屬被動而不完備者，然在其最簡單之狀態時，則有自然發達，自成爲更完善的組織之趨勢。物質之成，當視爲上帝所創造，符合於公律而服從於公律，不當視爲獨立或與上帝對立，而需乎無定之改正者也。若假定物質世界不受公律之支配，則是信盲目的命運，而不信上帝。夫吾人所以信仰自然界爲最高級之神明所創造者，正以自然界之和諧與秩序宣示於吾人之知解耳。

後八年，康德著一書，冀欲予才智中庸之士以上帝實有之明證。康氏此書似不適用於物質現象之宣揚，惟其主旨在藉自然科學之事理，予人以認識上帝之津梁，書中將其天體本原之說，挈其綱領而複述之。又康德哲學中所受其天文學之影響，可於其實用理智論[1]（一七八八年）一書見之，茲錄其名句如下：『充滿於吾之精神，而常使余驚嘆敬崇而不止者，厥有二事——余思之愈久愈專，而驚嘆敬崇之心益甚——即在上者爲衆星羅列之天空，在內者爲道德之公律是也。』其宗教與道德之概念，常與整齊無限之物質世界有密切之聯合，而實亦依賴於此世界也。

鑑伯[2]（一七二八至一七七七年間人）者，算學家而兼天文家物理學家，亦哲學家也。康德知其才力之與己相近，故每屬望於氏，冀其能根據於科學之研究而爲哲學之改良。鑑伯與其同時諸家同，亦牛頓之弟子，一七六一年刊行一書，作書札體，表示其對於天河、恆星、中央日球之觀念，與一七五五年康德所刊諸書性質相類。鑑伯著此書後一載，始聞來特之書，與己書極爲相似。

至是古人迷信所加於彗星之種種不祥之說，已一掃而空。然鑑伯謂此星或者因與行星相撞，或

1. *Critique of the Practical Reason*
2. J. H. Lambert

掠去一衞星，而發生不幸之終局。特造物之主，當其安設天體於空中之時，必已規定其天空中之行程，不令其隨意浪游，致擾害於他星也。按監伯之想像，此等星體必有確定之容積、重量、位置、方向、速度，俾可免除其衝突。若吾人果承認有一最高之主，化渾沌爲清明，予世界以形式；則此世界者乃一完善之工作，亦造物者完成後之影像與回憶也。彼盲目之偶然，尙有何所成哉？夫方法必合於目的。宇宙之間，無所不有其秩序，而此秩序者，下自塵埃，上迄星象，小如原子，大如世界，無不相同而包含於其中也。

拉普拉斯論星氣說時，未嘗一言及於康德。拉氏於其太陽系解[1]中，列有天文事料，供此說之解釋如行星之行動，其方向同，其所處平面幾於亦同；衞星之行動，方向與行星同；此各天體與太陽之自轉與其投影之方向同，所處平面則稍異；行星與衞星之軌道，中心稍偏；彗星之軌道則偏心率甚大。吾人根據於此種事料，所求得行星系最初運動之原因爲何若乎？

吾人必先假定一廣漠無邊之流質，包含此種種之天體。此流質必如大氣之旋繞於日球。繼因產生之熱力過多，吾人可假定此大氣推廣至各行星軌道以外。後乃漸次凝縮而成今狀。當其初時，日球之狀猶如星雲。今以望遠鏡觀之，其中心爲火，四周如雲。星雲之疏散狀態，吾人不難想像及之。

星雲冷縮則相離而成帶狀，各帶依次凝結乃成行星，星各處於赤道平面之中。藉吸力與向心力之作用，而使相繼形成之星，維持於其軌道之內。組成行星之物質，當其冷縮之時，復分離而成較小之

1. *Exposition of the Solar System*

環帶。土星之環，其質甚勻，故能維持其環狀；行星物質所分出之帶，結果每成衛星，此公例也。軌道之偏心，與赤道面之傾側，蓋由原質各部之溫度與密度差別故也。

拉普拉斯所著天體力學[1]（一八二五年）一書內言據赫瑟爾之觀察，土星之自轉較其環為緩。此項現象似可證明太陽系解中之假設。

拉普拉斯以此書初版進呈於拿破崙時，拿謂之曰：『昔牛頓著書言必稱上帝。今余遍讀君書，而未嘗一見此稱。』或稱拉氏答云：『執政，余無需乎此假設也。』然此天文家並不自認為無神論者；氏以為欲解釋太陽系之形成，根據於力學原理已足，此與康德相同處也。氏晚年主張一切邪說皆當禁遏。氏為人虛懷，未嘗武斷，臨終時曾言，才智雖高，須當謹慎，其言曰：[2]『吾人所知甚尠，而未知則無盡也。』

赫瑟爾·威廉爵士之觀察，曾歷多年之久，由此證實星雲假設及恆星系說。赫氏所用之望遠鏡，有二十呎與四十呎之焦點距離，一八·七與四十八吋之直徑，故能如洪保德所謂立準繩於恆星之間，或如赫氏自謂測度量於天空之中也。[3]天體之構造常為赫氏最後之觀察目的。此文於一七八七年宣讀於皇家學會，謂新星雲與星團之發見者為數四百六十六。星宇之狀，不可視為一圓球之凹面，而假定觀察者在球之中心。吾人當視之如遼闊之大地，或連緜之山脈，即地質學家由此發見各質組成之許多地層者也。天河者其一層也，而太陽居其中，惟並非適處於河之中心耳。

1. *Celestial Mechanics*
2. *Ce que nous connaissons est peu de chose, ce que nous ignorans est immense*
3. *The Construction of the Heavens*

至一八一一年，氏所作星雲之觀察，爲之大增，並將種種星雲，按其凝結之度，光之強弱，普通形式，中心核之有無，位置之差別，及與彗星恆星之相似點，而爲之序列。星雲之序列，自極疏散薄弱者，漸次而至略帶雲跡之星。赫瑟爾所作星雲次序表，至爲完備，其差別之微，雖自初生之兒至垂暮之老年，其間面相之遞變，亦不過是。夫以疏散之星雲與恒星較，其差異之大可知，苟非證明其中間之步驟，安能令人信此二者之相通乎？其中間每一相繼之狀態，自必由於吸力之作用也。

氏至一八一八年，於其最後之敍述中，承認天河之渺茫，非其望遠鏡之力所能窺測其眞相，惟在「此假定爲環繞吸力中心運行不息之星團之左右，赫氏發見一疏散星雲質之覆蓋，氏假定此種物質之凝結，即全星宇之所以成也。」

按康德，拉普拉斯，與赫瑟爾之天體演進論，假定構成地球之原質，亦存在於太陽系與全宇宙之各處。此項假設最後由分光鏡之分析而證實之。然此說之證明，實已有一部分肇端於十九世紀之初年，即由於隕石之分析也。當時曾見隕石中含有多量之鐵質，多分之鎳質及鈷，銅，矽，磷，炭，鎂，鋅，錳。

參考書目

G. F. Becker, Kant as a Natural Philosopher, *American Journal of Science*, Vol. V (1898), pp. 97–112.

W. W. Bryant, *A History of Astronomy.*

Agnes M. Clerke, *History of Astronomy During the Nineteenth Century.*

Agnes M. Clerke, *The Herschels and Modern Astronomy.*

Sir William Herschel, Papers on the Construction of the Heavens (*Philosophical Transactions*, 1784, 1811, etc.).

A. R. Hinks, *Astronomy* (Home University Library).

E. W. Maunders, *The Science of the Stars* (The People's Books).

第十二章　公律之興起——道爾頓，朱爾

當十八世紀之中葉，監伯與康德方辨認天體之系統與組織，而於發見物質之構造，或闡明物體隱蔽運動之公律，則殊少進步也。波義耳固已肇其端矣，如空氣彈性之研究，及原質與化合物之辨別，定化學爲物質組合科學之界說是已。雖然其成就何其少也一七五〇年時，所謂原質不過地、水、火、風、而已。培根嘗考察之於一六二〇年，然猶未加以分析也。又如熱之性質，除培根之觀念外，智識界人大多主熱爲物質（熱之本質或稱琉黃或稱炭，或稱氫氣，其說不一）而非行動，觀此可見其進步之遲矣。

後一百年，至十九世紀之初年，而進步益速，此百年間一切紛亂之思想，皆藉科學而整理之，其所以成功者，蓋卽由於燃燒之研究，熱爲能力一式之發明，大氣組織之明瞭，及地與水化學作用之闡明是也。

布拉克之炭酸與潛熱現象之發見，已供後人參考之資。炭酸之發見（一七五四年，）乃製造醫藥中所用生石灰水之結果；潛熱現象之發見（一七六一年，）出於融冰、沸水、及蒸汽溫度之試驗，乃

瓦特因欲改良其蒸汽機，而鼓勵布氏試之者。一七六六年，普利斯特利·約瑟[1]始研究空氣與氣體。翌年因觀察釀酒廠之工作，見炭酸之作用而奇之。一七七二年試驗氱化氮（硝酸氣。）前一百年，美約[2]已用硝酸溶鐵而得之。美約乃將此氣流入閉置水面之尋常空氣中，見此混合物之容積爲之減小。普利斯特利應用此法以分析平常空氣之成分，氏始發見此氣乃複雜而非單純。一七七四年，普氏用玻璃杯置紅色氱化汞而蒸之，由此得一氣體，其助燃性優於普通之空氣。氏取而吸之，頗覺暢快。其書中有云，『孰謂此純粹之空氣不能成爲流行一時之奢華品乎？自來能享受吸食此氣之權利者，惟余二子與余而已。』

然此同一之空氣成分，在一七七三年前，已有瑞典科學家社勒[3]發見之矣。社勒以爲大氣至少必含二氣，且證明炭酸成於燃燒及呼吸。一七七二年，法國大科學家拉瓦節[4]發見硫磺燃燒之後，不特不減重而且增重，後五年乃推知空氣實含二氣，一能供燃燒之吸收，一則不能助燃。氏名前者爲『氱氣』。拉瓦節著有化學綱要[5]一書，內述其化學系統甚爲明晰，並載有歐洲他科學家之發見。自拉氏之研究後，空氣遂不復視爲祕奧難知者矣。其成分之大部，知爲氱氮二氣，此外又有水氣，炭酸及硇精（阿摩尼亞，）此等雜質或由雨水帶下者。

卡汾狄士[6]自空氣中取得氮氣，法用硝酸氣取去氱氣而得。氏見空氣中含氮氣約百分之七十九，

1. Joseph Priestley　2. Mayow　3. Scheele
4. Lavoisier　5. *Elements of Chemistry*　6. Cavendish

氬氣約百分之二十一。卡氏又用電花使氬氮二氣化合而成硝酸。氏既將氮氣取盡，其餘剩之氬氣亦除去後，『尚餘未吸收之空氣僅一小氣泡而已。』卡汾狄士以相類之法發見氬氫相合化成水氣。瓦特亦主張水非原質乃二原質之化合物。故地、水、風、火之四大，在古代哲學家多假定爲原質，實則可以分析其成分也。同時其他問題，亦正待解決。何者爲化合之定律？何者爲熱能與他式能力之關係？解決此等問題（及其所由發生之根本問題）以諸大工業中心地所貢獻者爲多，而其中尤以曼徹斯特一城爲最盛。倡之者則道爾頓[1]與其弟子，及信從其說之朱爾[2]是也。

道爾頓·約翰（一七六六至一八四四年間人）生於昆布蘭[3]，年十五任教職於肯達爾[4]，一七九三年前，常居於英格蘭之湖區[5]。此區每年雨量常在四十吋以上，幾與熱帶相類，以此彼少年學者每注意於氣候之學。其器械皆粗簡自製者，有雨表、溫度表及氣壓表。其一生惟以研究熱力、水氣及大氣成分爲樂事，計所作氣候觀察，不下二十萬次。觀其二十二歲時所作一函，可以知其此種研究之動機。書中謂吾人苟能以精密之度，預言氣候之狀況，則於畜牧人、航海人以及普通人民，俱有利益也。

一七九三年，道爾頓就居於曼徹斯特，爲永久計，是年發表其第一部著作氣候觀察與論文[6]。書中述雨水雲之形成、蒸發作用、大氣中水氣之分佈與性質等。在道氏觀之，水氣常存在於空氣中，成一特著之流質，以別於其他流質。道氏以爲大氣水氣成細滴之水，雜於氬氮分子之中。道氏乃牛頓之信徒

1. John Dalton
2. James Prescott Joule
3. Cumberland
4. Kendal
5. Lake District
6. *Meteorological Observations and Essays*

（實則道氏之人格亦與牛相似，）故其視物質，含有『實、質、堅硬、不可入之行動質點，其大小、形狀、性質、比例，皆係最適合於上帝製造彼等之目的者。』道爾頓之受此說之影響者甚深，蓋謂物質世界成於不可見之質點，或名原子，故作道氏傳者，謂其思想常盤旋於微子之中。或者道氏之想像，爲觀想式，能將原質及化合物之原子排列，一一映之於眼前。

夫道氏之先師固嘗言氣體（卽彈性之流質）之原子，互相排拒，其間距離愈減，則相拒之力隨之而愈增。今此說將如何應用於大氣乎？蓋普利斯特利輩已證明此氣之含有三數氣體也。又何以此混合物猶如單純均質之氣乎？何以空氣不成層狀，使氫在下而氮在上乎？普通空氣，在任何處察之，其所含氫氮二氣，常成恆定之比例而不變，此則卡汾狄士已言之於前，而道爾頓證之於後矣。

法國化學家擬欲應用化學愛力之原理，以解釋大氣之表似均質，彼輩假定氫氮成化學之結合，一原質溶解於他原質中。此結成之化合物，復將水氣溶解之；以此有揮發之現象。道爾頓欲將此項假設與其物質原子性之信仰和合爲一，而卒未能成。氏繪有氫原子與氮原子及水氣原子聯結之圖。大氣之全部淡不能含有此種三氣結成之組，因水之質點僅占全大氣之小分也。氏乃改繪一圖，以氫之一原子與氮之一原子相聯，然此時氫氣又不足以盡聯大氣中之氮氣矣。若空氣之一部分爲純粹氮氣，一部分爲氮氫之化合物，又一部分爲氮氫與水氣之化合物，則此最重之三氣化合物將凝集於地面，而二氣與單氣者將成二層於上矣。若加熱於此化合物，希望其成為不分層之混合物，則大氣之比重將與氮氣同。故道爾頓謂『總之余不得不完全放棄大氣化學組織之假設，以其不合於現象也。』氏乃反求諸氱、氮、水各個質點之觀念，每一質點即係拒力之中心。然道氏仍不能解釋何以氱氣不被吸至下層，氮氣不自成一層於上，而水氣不浮游於頂部。至一八〇一年，道爾頓始創一觀念，謂各氣體之相互作用，猶如真空，惟質點相同者乃互相抵拒，氱原子拒氱原子，氮原子拒氮原子，二氣在大氣中雜處，一如在未混合狀態然。『按諸此說，吾人可假定一類之原子並不抵拒他類之原子，惟只拒自類而已。』故混合大氣不成層次，勞斛此氣真為均質者。

道爾頓之分析空氣，係採用氱化氮（即硝酸氣）之舊法。因此而有一八〇二年之發見。氏於直徑十分之三吋之管中，以一百分之普通空氣和以三十六分之氱化氮氣，空氣中之氱氣乃與氱化氮化合，餘剩七十九分之大氣氮氣。次以一百分之普通空氣和以七十二分之氱化氮，惟置於覆蓋水面之器中（在此情形下化合較速）空氣中之氱氣復與氱化氮化合而所餘氮氣仍為七十九分。惟在第二次試驗中若所用氱化氮少於七十二分，則餘剩者為氮氱二氣；若多於七十二分，則餘剩者除氮氣外，又有氱化氮氣。道爾頓之言曰，『氱氣可與若干分之氮化氣〔氏稱氱化氮之別名〕化合，或與此分之二倍化合，惟無中間成分。』

此種試驗事實，自當以各氣所含之最小質點解釋之。翌年道爾頓繪圖以表其化學原質與化合物之原子組織。

○氧　⦶氮

⊙氫　●炭

⦶⊙氧化氮　⊙●⊙炭酸

⊙⦶⊙亞氧化氮

道爾頓表示化學原質與其化合作用之法，後乃不得不放棄而改用瑞典大化學家柏濟力阿斯[1]所創之法，此實道爾頓所極不願者。道氏於一八三七年作文譏之：「柏濟力阿斯之符號實令人厭惡；習化學之青年學生，欲熟識此符號，何異於學希伯來語。符號之狀，如紛亂之原子……即科學界之能者，亦必見而生厭，徒令人沮氣，而掩蔽原子說之簡樸與美觀耳。」

斯時道爾頓之思想已轉變於各原質互相化合時，其相對大小與重量之考慮。道氏推論一定容量中，氧原子之數目苟不與同容量之氮原子相等，則氧原子之大小必異於氮原子。氏於水之吸收氣體，氣體之交互散佈及化合作用之現象，頗感興趣，因使道氏從事於各原質原子相對大小與重量之測斷。道爾頓未嘗言及原子之絕對重量。惟先假定當二原質之化合物已知其存在時，該化合物之分

1. Berzelius

子卽含有每一原質之原子一個，氏乃根據此假定，以考察二種同類原子之相對重量。氏於一八〇三年進行此項考察，頗具成效，且以氫氣（氏所知最輕之氣）之重量爲單位，而求得氧、氮、炭、等氣之相對原子量。道爾頓遂以數量關係之確定觀念，輸入於化合作用之研究。物質構造之原子說，始因道氏而確立，凡化學中已知之一切現象，皆得以此說解之矣。

後數月間，氏返而研究同一原質化成多種化合物之理。吾人已知氧氣與氧化氮化合，可得二種化物，其一所含氧化氮之重量，倍於其他。又氧與炭化合，亦得二物，爲一氧化炭與炭酸氣，此處氧之重量與前有相同之關係。道氏於一八〇四年之夏，考查氫與炭之二種化合物，沼氣與成油氣（卽二炭氫質）見第一種化合物所含之氫氣，以對於炭之關係言，適爲第二種之二倍。此同一之二原質有化合物一列，其一原質之原子一個，可與他原質之原子一、二、三、以上相合。其意卽謂第二原質與第一化合之重量間，有一簡單之比例也。此倍數比例之定律，可爲道爾頓原子說，或定比化合說之左證。洛斯科[1]·亨利爵士有言曰，『無此學說，則近世之化學將紛亂而無序；有此說，則事事皆屬於系統，卽有外表上爲相反之發見，亦惟更能表明道爾頓工作之價值與重要耳。』一八二六年，德斐·漢符理爵士稱頌道爾頓在科學上之功績，其言曰：『道氏既知某種氣體化合物中，其同一原質常以同一之比例而化合，又若化合之物在一種以上，則原質之量常有恆定之關係——如一與二，一與三，一

1. Sir Henry Roscoe

與四——氏乃根據牛頓原子不可分之義以解釋此事實；並申明其理，謂已知一原子與任何他原子之相對重量，則其各種化合中之比例或重量，不難確定，若是可使化學中之統計，僅成減法或乘法之簡單問題，且使學者可自一確立之實驗新結果，而推演爲無盡數之事實。道爾頓所發見之簡單原理，可普遍的應用於化學事實，以確定物質化合之比例，並奠定化學之基礎，俾後之學者，遇原子運動學中晦昧軼常之處，有所憑藉，是誠道爾頓萬古不磨之令譽也。其關於此點之功績，頗與刻卜勒之於天文學相類』。

至一八〇八年，道爾頓之原子說，復得法國科學家給呂薩克[1]之考察，而予以特著之明證。給呂薩克證示氣體，在相同之溫度與壓力狀況下，當其互相化合時，其容積成簡單之比例，又若化成之物亦屬氣體，則其容積亦與其成分之容積成一簡單之比。道爾頓之友某，嘗就給氏之研究概括如下：『給之論文係論氣體之化合作用。氏見各氣體之化合，或容積相等，或一者爲他者之二倍，或一者爲他者之三倍』。道爾頓在考察原質化合時之相對重量時，初未知原子量與原子量間有簡單之數學關係。繼於同一原質化成多種化合物時，乃見如上所述，化成第二或第三化物所增之原質，以重量論，適爲第一次原質之倍數。今給呂薩克證示各氣體，『不論其化合之比例若何，其容積之比必爲倍數。』

一八一一年，亞佛加德羅[2]於其原子相對質量之一文中，更進而證明道爾頓之學說，並解釋給呂

1. Gay-Lussac　2. Avogadro

薩克化合作用中簡單容積關係之發見之原子的根據。按此意大利科學家之意見，各氣體之分子數，在等容積中常爲相等，惟須每一氣體之温度壓力俱爲相同。道爾頓早已設想水分之成，由於氫氯二氣一原子與一原子之化合。後給呂薩克始知二容積之氫氣，與一容積之氯氣結合而成二容積之水氣。按亞佛加德羅之意，水氣所含之氫原子，爲數二倍於氯。當二容積與一容積化合時，此化合作用並非一原子對一原子，如道爾頓所假定者，乃半個氯分子與一個氫分子相合。故水之符號非 HO 而爲 H_2O 也。

道爾頓之稱爲化學公律之大立法家，觀於上述諸節，已足以確認之矣。至其影響及於物質現象之確立智識而促進之者，今僅能述其片部而已。氏於一八〇〇年著一論文，名以機械力凝縮及減薄空氣所生之熱與冷[1]。據道爾頓之作傳者言，此文所述壓縮時所生之熱，與膨脹時所吸之熱，實爲首創。其貢獻於熱之學說者，論述如下：凡氣體之容積，不論其性質如何，當其加熱至沸點温度時，即於恆定之壓力下而膨脹，其所脹分數各氣皆同。一七九八年，拉姆福德伯爵[2]著摩擦所生之熱源之推究[3]一文，以報告於皇家學會，其事料係採集於慕尼克[4]。拉姆福德最喜實用問題，冀欲供熱於城中貧寒之家，繼見兵工廠中鑽礮孔時發熱至巨，心焉異之。氏斷言任何事物凡能藉摩擦之力繼續產生而無盡者，必非物質，如硫黃或氫氣，要當爲一種運動而已。是年德斐尙少，亦獨自研究其理，以二冰塊藉彈簧之力，

1. *On the Heat and Cold Produced by the Mechanical Condensation and Rarefaction of Air*
2. Count Rumford
3. *Enquiry Concerning the Source of Heat Excited by Friction*
4. Munich

摩擦於眞空之中，冰卽因摩擦而融解，然試驗時之温度，實僅華氏二十九度也。

朱爾〔詹姆士・普勒斯珂特〕（一八一八至一八八九年間人）者生於釀酒者之家，少時卽任事於釀酒業，然卒能以發見熱能與機械能間之確切關係而顯於世也。初就道爾頓習化學於曼徹斯特，繼乃專注于物理試驗。一八四三年，著一論文，題名[1]磁電之熱力效應及熱力之機械値論。此文論熱力與普通機械力之關係，並證示『運動—磁電機所費之機械能，變成感應電流行經綫圈後所生之熱能；又在另一方面電磁機之原動力亦取給於熱能，此卽發生於轉動該械之電池，而由於其化學反應者也。』至一八四四年，氏以其少時所主之原理，應用於氣體温度之變易，與其密度變易之關係。氏之研究，蓋自知其有實用上與理論上之重要者也。夫蒸汽機之所以得有後日之改良者，實由於此道爾頓之高足，計算氣體壓縮時所產熱量之功也。朱爾知其研究同時可以證實培根所創之熱動力說，其後則又有拉姆福德，德斐等爲之助焉。

朱爾於其一八四四年六月之論文中，早已表示其確定熱力機械等量之希望，且冀其精確之度，可供物理學中之大用。氏反覆研究此問題者，蓋已屢矣。按其最後所得之結果，水一磅之温度每增華氏表一度所需之熱量，適等於七七二・五五磅之重量舉高一呎時所需之機械能力。故熱力證爲能力之一種，其與機械能之關係爲恆定者也。機械能可以變成爲熱能；若熱能消失，則必有他種能力，其

1. *On the Calorific Effects of Magneto-Electricity and on the Mechanical Value of Heat.*

量等於所失之熱能者以爲代。某量熱能常等於某量機械能之學理，不過能力不滅律之特例耳。此律首先明白發表者，爲朱爾與赫爾姆霍斯[1]二氏，時在一八四七年，人皆視此爲十九世紀最重要之科學發見也。

今曼徹斯特之市政廳中，有全身白石像二，相對而立，洛斯科嘗指此驕矜而言曰：『此二像者，所以頌揚曼徹斯特二大科學家之功業者也——一爲道爾頓，乃近世化學與原子說之創始人，亦化合比例定律之發明家；又一爲朱爾，乃近世物理學之創始人，亦能力不滅定律之發明家也。』

參考書目

Alembic Club Reprints, *Foundations of the Atomic Theory.*

Joseph Priestley, *Experiments and Observations on Different Kinds of Air.*

Sir William Ramsay, *The Gases of the Atmosphere and the History of Their Discovery.*

Sir Henry E. Roscoe, *John Dalton.*

Sir E. Thorpe, *Fssays in Historical Chemistry.*

1. Helmholtz

第十三章 科學家——德斐·漢符理爵士

德斐·漢符理（一七一八至一九二九年間人）者，英之康瓦爾[1]人也。其地爲半島，氣候甚溫和，風景又極雄偉秀麗之至。島之左右，有雲譎變幻之大西洋水，翻騰於夏日之下，汪洋無際，時或冲擊於峭壁平沙之上，浪花如霧，澎湃若雷。島之腹地，則花巷竹籬之間，咸爲豐草綠縟之地，與耕田殷紅之色，相映而成趣。島中有鎮曰盔贊斯[2]，居民約三千人，於此風景宜人之畔，卽德斐少時之所釣遊也。海灣之對岸有山（名聖邁克爾[3]）聳峙若屏障，密爾頓有詩詠之。其東端有海角曰李查[4]，英格蘭之最南部也。其北數英里，則有平沙千頃之聖愛甫玆島[5]；距盔贊斯境西不遠，則有防軍駐守，處於無邊際之兩海間焉。年少之德斐處此優秀環境之中，宜其敏利而活潑。又因生長於克勒特[6]族中，其民好思想，惟超人之智，是崇氏之天才受其感化爲多。年五歲而能詩，有神童之目，少時嘗作詩以頌曼德海灣[7]，詩曰：——

「余初歡悅於彼兮，余乃生
於此碧海莊嚴之中。」

德斐所受之教育，卽普通所謂文藝教育是也。其學於盔贊斯者九年，學於特魯羅文法學校[8]者一

1. Cornwall　2. Penzance　3. St. Michael
4. Lizard　5. St. Ives　6. Celts
7. Mount's Bay　8. Truro Grammar School

年。氏最擅長之課業爲繙譯經典爲英散體文。然嗜戲嬉，常以垂釣（終身好之未嘗改也）射擊爲樂，每不爲教師所喜，而同學則多就之，蓋知其文才超軼，遇作拉丁文，多求助於氏，他若家信鹽書，亦往往懇氏爲之捉刀，課暇則娓娓談故事，鬼怪離奇，富有幻想，同學皆凝神而聽之。後數載，德斐致書於其母：「總之教授兒等以拉丁文與希臘文之法，實與兒等思想之重要組織，漠然無關，兒所引以爲幸者，幼時所學，裨益良多，且當時求學，並無特定之計畫，在科立吞先生之學校中時，頗享閒暇之樂，兒所以薄具才能，堪供其一得之長以爲世用者，或者得力於此種環境耳。」

德斐年十六而父卒，惟以薄產遺其寡妻與五孤兒耳。諸子中德斐爲長，至是其思想似爲之一變。氏乃立志以盡人子長兄之責，卒能遵循其道，未嘗有缺。未數週，爲徒於藥肆，職業既得，乃規畫自修，勤奮有加。其弟德斐·約翰博士[1]嘗自漢符理之筆記中摘錄以下一節，其日期適爲漢符理就業藥肆時也，茲轉錄如下：——

一　神學或宗教　}　取法於自然。
　　修身或道德　}　取法於啓示。

二　地理。

三　余之職業——

1. Dr. John Davy

一 植物學。二 藥材學。三 病理學。四 解剖學。五 外科學。六 化學。

四 倫理學。

五 文字學等。

德斐在自修時所作論說甚多，由此可證其思想脫離迷信之速，蓋其時民衆咸染此習也。氏幼受鬼怪之恐怖者至深，而各級人士亦皆深信於此。觀其筆記一節，足知德斐已欲將當時宗教政治之見，加以判斷而考核矣。其所作論說，有論靈魂不死與非物質，論政府，論死之不可不信，論思想力恃乎身體之組織，論生物最後目的，論快樂，道德上之責任等篇。其所讀之文，有陸克，哈德烈[1]，柏克立[2]，休謨[3]，愛爾法修[4]，康多塞[5]，黎德[6]諸家。又略知德國之哲學。年十九乃始作實驗的化學研究。

既而因拉瓦節原質[7]一書之指導，復得其友瓦特・格列高里[8]（瓦特・詹姆士之子）之鼓勵，某大學名士之勸勉，及科尼希[9]採礦工場之激發，遂奮力以求新學。數月間著論文二篇於物理之學，敢於立理。此二文發表甚早，在一七九九年。後當片部的根據於前章所述機巧之試驗而作結論曰：「熱力者，卽阻止物體分子切實接觸之力，亦卽爲吾人感覺冷暖之主因。其界說可謂爲物體分子之特種運動，或者爲振動，有分離其分子之勢。」其文中尚有他語可錄，要皆可以顯示此十九歲之奇才，何由而爲以後數十年科學界之先導。惟以大體言，其少時之致力，往往揣想失當，證據不備，此其缺點也。氏未

1. Hartley　2. Berkeley　3. Hume
4. Helvetius　5. Condorcet　6. Reid
7. *Elements*　8. Gregory Watt　9. Cornish

幾即自悔其論文發表之過早。其書云，『余每思根據於一二事實之薄弱基礎，卽可得無數之理論，旣而自知惟能完全棄置而不立一說者，斯眞哲學家之事業耳。夫欲積集事實其勞苦尤過於理解也；有一完善之實驗，其價值勝牛頓敏健之腦力多矣。』

同時德斐選任爲布里斯它爾[1]氣學書院主任，指派之者，該院創辦人柏多茲博士[2]也。該院係由威季吳得·托馬斯諸名人捐資所建。其目的在以實驗方法發明吸食各氣之生理效應，此種氣體，彼輩名之曰『人造空氣』。此等學院之創設，或稱之爲科學界之反常，然今日醫界所用之氱氣，一氱化氮，迷蒙精（亦稱哥羅方）等吸食之氣，未嘗不食該院研究之賜。德斐在未赴布里斯它爾前，亦嘗取少量之一氱化氮和以空氣而吸之，雖當時醫界稱此氣爲傳毒之原素，而德斐不顧也。氏旣至院，則舉行試驗一組，最後得一醫師之助，擔任一重大之試驗。氏在一密閉之室中，吸食多量之假設的毒氣。氏居室中凡一小時一刻之久，所吸純粹之一氱化氮計有二十夸特。氏乃述其經驗如下：——

『自余胸際以至四肢端末，皆覺震刺。此震刺之感覺漸向四肢推出，頗爲分明，且甚舒適；余之視覺乃發眩，所看之物似若放大；室中聲息皆能聽聞，且能完全明瞭余之處境。漸次舒適之感覺愈增，此時余與外物之關係，完全消失；但見活躍之影像，飛馳於余之腦中，此時所感覺，惟是全屬新奇之概念耳。余所處者乃一新奇之世界，觀念亦經改變爲新者：余乃推理設想余之發見。及余自此半狂之狀態

1. Bristol　2. Dr. Beddoes

中，爲輕雷克博士[1]取去余口上之袋而喚醒後，一見周圍諸人，頗爲忿怒且有驕矜之色。斯時余之感情甚熱烈，在室中旋走，人與余語，皆無所聞，如是者約一分鐘。余既恢復前之思想狀態後，頗欲將余試驗時所得之發見告人。余竭力回想事前之觀念：乃思力甚弱，又甚模糊；惟有一組名詞現前；余乃出以濃厚之信力與先知的態度告輕雷克博士曰，「所存在者除思想外，餘無他物！宇宙者由於感覺與觀念，快樂與苦痛組成者也！」

自是人之遇德斐者，無不讚嘆而驚奇之。有文士某抵布里斯它爾，與德斐相見後，即謂德氏之貌，有智力高強之特點。其目光甚銳，當其與人談話時，心若不在，其思想常盤旋於嚴密之思路，蓋不容外物之參雜也；此著作家又謂，『其爲人之坦白，智力之超軼，殊使余深印而不忘。』柏多茲夫人即[2]厄治衞司·馬利亞之妹，一活潑敏慧之美婦人，亦崇仰此少年科學家者之一。德斐以創作者之毅力熱誠，未幾而自知其天才之優越。[3]哥爾利治[4]騷狄輩，皆德斐之至友，乃在柏多茲博士家中結識者，亦皆欽羨德氏之智慧與其社交之能。騷狄稱氏爲奇少年，其才能之高，彼惟有驚嘆而已。或問哥爾利治，以德斐與哥氏赴倫敦時所遇之才子相較爲何如，則毅然答曰：『彼安足道哉，德斐可吞之而有餘也！夫德斐之腦力堅強而有彈性，故種種問題，無不迎刃而解，而予以正確之答案。德斐心中每一事物，皆有其精神飽滿之原理。活潑之思想如泥草然，一一躍起於其足底也。』哥爾利治以爲德斐苟非當代之第一

1. Dr. Kinglake
2. Maria Edgeworth
3. Coleridge
4. Southey

化學家，亦應爲第一大詩人也。哥與德斐通信甚殷，足見此二才子，常交換其思想與感情，彼二人者，相異若是而相同又若是。

一八〇一年，德斐被聘爲皇家書院（在倫敦亞伯馬里街[1]）化學助教。該院乃一七九九年拉姆福德伯爵出於慈善之動機而創辦者。其宗旨爲促進科學之應用，以謀生活上之福利。創辦人爲裨益貧困計，凡貴族名流肯贊成者，皆納之。德斐以熱心公益故，又深知化學智識在實業界及其他日用職業之價值，因遵照創辦人之計畫，身體而力行之。既而以公衆科學表演家聞，未幾遂擢爲該院教授，一時倫敦社會皆受氏之感化，而以科學研究爲時尚矣。氏講學之名因以大震，然其友人則深爲氏危，蓋氏年尚二十二，鋒芒過露，恐爲諂佞者所害。未幾德斐果爲譖譏之的。其弟嘗作書謂，『余嘗見有人作詩貽兄，類皆隱名，而辭旨則多傾心之語，詩意書法俱頗可觀，足見兄之姿態，影響於一般專心之聽衆者，匪淺鮮矣。』

德斐所作製革工業之研究（一八〇一至一八〇二年）與其農業化學之講演（一八〇三至一八一三年）皆足證示皇家書院當初之宗旨，與德斐一生之偏好。然其愛好科學之焦點，乃在推進賈法尼與服爾塔[2]於化學解析中電學研究之應用。服爾塔於一八〇〇年致書於皇家書院之董事長，講述其弗打電堆之製法，謂此堆用成對之鋅銅片堆成，鋅銅之間隔以潮濕之導電體。是年年終，尼[3]科

1. Albemarle　　2. Volta
3. Nicholson.

爾孫與卡來兒[1]應用此新發明器所生之電流，以分解水爲原質。

翌年春哲學雜誌載有一節如下：『吾人又在該院中聽得一篇講演，乃在新近講的所講爲哲學中一新立之門——卽是賈法尼現象。關於這一門新學問，德斐君（時尙在布里斯它爾）的第一次演講在四月二十五日。彼首述賈法尼學說之歷史，次講以後的發明，甚爲詳盡，又說明各種電堆之製法……。氏乃以蛙腿表演賈法尼之效應，並演習數種新奇之實驗，表明賈法尼現象對於金屬溶解於酸液中之效應。』一八〇六年，德斐著一論文，呈送至皇家學會，題爲論數種化學中之電力，內載數年中試驗之結果。例如作德斐傳者言，氏取石膏杯一，用石棉[2]與一瑪瑙杯相連，杯中皆儲純水，以電池負極線浸入瑪瑙杯中，正極線入石膏杯中。約四小時後，氏見瑪瑙杯中之水成一濃厚之石灰水，而石膏杯中則爲硫酸。既而將正負線對掉，試之如前，時間亦同，則見瑪瑙杯中爲硫酸，而石膏杯中爲石灰水。此卽德斐研究物體成分，因電力作用而交換之法也。德斐自言『相拒相吸之力，可由同類之一質點移至他質點，因此流質中成一傳力之鍊索，此項假設，固爲極自然者。或者在電解未完成前，解析與組合相繼而行。』

此論文於一八〇六年發表後，頗引起國外之注重，且因此而得法國之獎章——雖是時英法兩國正在交戰，竟不爲所阻——該獎章之頒發，乃依據拿破崙在數年前所制定之條例，以鼓勵最優等

1. Carlisle　　2. Asbestos

之電學試驗者也。德斐云，『有人謂余不當接受此獎章；而報紙上亦有此種愚拙之言論；蓋兩國之政府雖在交戰，而科學界人則未嘗戰也。況乎英法之戰，直內戰耳：吾人當借重於科學界人，以緩和兩國仇視之氣也。』

次年德斐報告電力所生之他種化學變化；是時已能分解固定之鹼性物，又發見鉀鈉兩原質。初，德斐取一小片之純粹氫氱鉀，已露於空氣中而稍受潮氣者，置一絕緣之白金盤中，盤則通接於弗打電池之負極，以解析此盤中之物。其連接正極之線，觸該物之上面。『電流既通而氫氱鉀即在電流接觸之兩點而融解矣。』在氫氱鉀之下面（即負極相接處）發現細粒之金屬，色澤如水銀，有燃燒而爆炸者，亦有不燃而變暗色者。當德斐見此從未知識之金屬時，心中狂喜，在試驗室中旋繞跳躍，時則喜悅過度，致其試驗為之中斷焉。

既而德斐大病，或謂致力於實驗過勞所致，而己意則謂參觀紐給特[1]監獄時感冒所致，其參觀目的，蓋欲改良獄中之衛生狀況也。病愈則又考察鹼性土質。思欲從土質中採取金屬，而事不果，惟定名鋇[2]、鍶[3]、鈣、鎂等原質，以為鹼性土質與氫氱鉀、蘇打同，皆氱化之金屬也。此外德斐復預言矽、鋁、鋯[4]三原質之提煉法。德斐之所以特注意於鹼性物者，蓋希望能推翻法國化學家以氱氣為諸酸主要原質之說也。拉瓦節之命名為氱氣（西名原意為酸素，我國舊名亦有是稱，）即根據於此之假定。然德斐則證

1. Newgate　　2. barium
3. Strontium　　4. zirconium

明此氣亦多數鹼性物之成分。

一八一〇年德斐藉氯氣性質之解釋，以堅其反對之說。氯氣一物早已為好學不倦之社勒所發明，在十九世紀之初其名為養氣鹽酸[1]。德斐證明氯氣中既不含氧氣，亦不含鹽酸（即氯化氫，據吾人所知，須氯與氫化合乃成鹽酸。）氏乃命名為氯氣，以氯之顏色為綠色（英名 chlorine 得名於希臘文 χλωρός 意即慘綠色）故也。後德斐研究氟氣[2]化合物，雖未獲提取純氟，而能知其與氯氣之相似也。

一八一〇年時曾演講於都伯林學會[3]，翌年復往該處演講，得法學博士學位於特麟尼替專科大學[4]。一八一二年春授爵士位，並娶一美貌多才之富女為婦。繼乃被派為皇家書院名譽化學教授。氏新得自立後，研究科學益感自由。一八一二年冬嘗作書於其妻曰：——

「昨日余始作新試驗數次，得一新奇之發見，試將畢，略受微傷。余用一化合物，其力強於火藥，將來或可改變戰爭之性質，而影響及於社會之狀況。此藥爆炸時，余未受重傷，惟今日不能不暫停工作，明日即可治愈。至於詳情，恕不盡言，惟余欲述一形容過實之事相告，其實此事亦不值一講也……。」

其時德斐所研究之化合物，即今之所謂三氯化氮也。

一八一三年秋，漢符理爵士偕其德斐夫人，並從者法拉弟·邁克爾[5]，法得德斐之介，於是年春任

1. oxymuriatic acid　2. fluorine　3. Dublin Society
4. Trinity College　5. Michael Faraday

職於皇家書院，三人同赴歐陸遊歷，雖其時戰事未息，亦不顧也。既抵巴黎，法國科學家咸爭迎德斐，遇以殊榮。二年前有製皂者與製硝者，於海藻灰中得一質，乃奉之德斐以求考驗。德斐未來巴黎前，雖曾考察其性質，而所得殊少。至十二月六日，給呂薩克宣布一簡單報告，給氏名此新質為[1]『愛奧德』以為與氯氣相若。後一星期，德斐乃當其敵手之前，簡述此新原質之主要性質，並命名為碘，即今所通稱者，其神速殊堪驚人也。

德斐之研究為本文所未及者，尚有硼酸，[2]硝酸錏，及其他化合物；他若氏晚年研究之金剛石，及各式炭質，古人所用顏料之化學成分，[3]電氣鰨之考察，及弧光燈之預言等，此處亦不及詳述，惟有舉名而已。

德斐·漢符理爵士有一事為公衆所不能忘者，莫如礦工安全燈之發明。當十九世紀之初，以鐵工業之發達，蒸汽機與機器之廣用，採發煤礦遂成為一大事業。煤礦中因沼氣燈而爆炸者，時有所聞，在英國北部尤為駭人。有時礦主惟有設法阻止此等消息之傳佈。然未幾而有保護礦工會之組織，俾設法免於爆炸之禍，遂求於德斐為之指導。一八一五年氏自大陸返國，乃致力於此事。德斐親赴礦場分析此氣，則見沼氣之炸，惟在高溫度時，而此爆炸性之混合物，其火燄不能流過細孔。因按此理製礦燈，火燄四周圍以鐵絲之網，可納空氣以供燃燒。於是沼氣祇能透入網中，靜燃於內，而不能增高溫度，

1. iode　　2. ammonium nitrate　　3. torpedo fish

以爆炸網外巨量之氣。前此請求德斐之慈善機關，後得氏書曰：『余從其他化學工作之結果，所得快樂未有逾於此者；蓋余自信人道之主義必有所獲益於此也。』

德斐於一八二〇年當選爲皇家學會會長，至一八二七年體力漸衰，遂辭此高貴之職位。其弟有言，『吾兄之願，欲見皇家學會有有效之建設，以應科學上偉大之實用，當與培根爵士所規畫之大學，與其 New Atlantis 中之草案相類；當以格林維基觀象台附屬於本會，以供天文學之研究；以不列顚博物院供自然史之研究，此其最遠大之計畫也。』

德斐・漢符理爵士之一生，光榮之功業多若山積，至一八二九年而卒於日內瓦，其高尚之夢想未完成者，猶在多數。所幸者有法拉弟・邁克爾爲其繼起之人，或謂德斐之識法拉弟，乃其一生最大之發見，誠非虛語。凡德斐所確立其基礎之研究，法皆能推闡而擴充之，在大多數有識者觀之，其人格之可敬，實不在此康瓦爾大科學家而兼詩家哲學家之下也。

參考書目

John Davy, *Works of Sir Humphry Davy.*

John Davy, *Fragmentary Remains, Literary and Scientific, of Sir Humphry Davy, Bart.*

Bence Jones, *Life and Letters of Faraday.*

John Tyndall, *Faraday as a Discoverer.*

E. v. Meyer, *History of Chemistry.*

S. P. Thompson, *Michael Faraday; His Life and Work.*

Sir Edward Thorpe, *Humphry Davy, Poet and Philosopher.*

第十四章　科學預測——海王星之發見

本章所欲討論者爲一預測之實例，卽一八四六年海王星之發見是也。此事發生後，一般科學家與普通人士咸因此而引起其狂熱，蓋不特可以證明牛頓假設之可恃，抑且足以表示天體運動之計算已臻極精密之度也。可見科學公律非徒供整理及解釋觀察現象之用，而亦發明新理之具。[1]發爾茲於一八三五年作書於[2]阿剌各云：『昔所不能見者，今乃確知其存在，豈非可欣羨之事耶？』

海王星之預言與發見本出多人之貢獻，且已有公平之斷判，謂爲一時間之問題，而推其原，則實發軔於一七八一年赫瑟爾·威廉爵士之發見天王星也。此星發見後，[3]波得卽謂他天文家當已觀見此星，特未識其爲行星耳。未幾檢閱前人之星表，果知其說之不謬。一六九〇年時，[4]夫蘭斯提已首作此星之觀察，卽今所謂天王星是。最後則知在一七八一年前，與此同類之觀察，至少已有十七次矣。

吾人當可揣想此等所謂古代之觀察，必可據此以計算該行星之軌道，質量，平均距離，及對日之經度等。然而事實上適與此相反。當[5]部伐德·亞歷西斯（拉普拉斯之助理員）於一八二一年根據天體力學之原理，製天王星、本星、土星表時，猶不能確定天王星之軌道，以適合於古今之觀察，卽在一

1. Valz　　2. Arago　　3. Bode
4. Flamsteed　　5. Alexis Bouvard

七八一年赫瑟爾發見前後之觀察也。彼若併合二組事料以計算一軌道，則於舊時之觀察，頗能適合，而於後之觀察，則不能精密表之矣。反之若僅計新事料而去其舊者，則所製星表，可以適合於一七八一年以後之諸觀察，而獨不能適合於以前之觀察。故欲得切合之結果，勢非新舊二者任去其一不可。部伐德曰，『以余意見，不如留待於後之觀察，俾集合多數或然性，以求切近於眞理，今此二組事料之不能融洽，或者由於舊觀察之不精，抑由於該行星上，發生未知之例外勢力，此則當待決於將來矣。』部伐德於一八二一年所指之例外勢力，果於部氏卒後之三年而大明。

自部氏之星表發刊而後，未幾即發生計算與觀察間之新罅隙。一八三二年英國學會初次開會時，亞立[1]教授出其天文學之進步[2]一文，證示關於天王星之觀察事料，與一八二一年之星表相差甚遠。至一八三三年，因亞立之倡議，遂將一七五〇年後，在格林維基所作之各行星觀察，統予覆核。亞立於一八三五年任皇家天文官，而於天王星之研究，未嘗少弛，並特指一事，謂表中所定天王星之半徑向量，爲値過小。

一八三四年天文學者赫賽尊者[3]致書於亞立，論天王星軌道之不合規則：『新舊觀察間之罅隙，表面雖無彌補之方，然以余觀之，天王星旁或者有擾亂之物體，因未知，故未予計算耳。……故余與部伐德談話時，曾以上事問之。』部伐德答言，彼亦早有此意；實則部氏在一八二九年致罕森[4]書中，已言

1. Prof. Airy
2. *Progress of Astronomy*
3. Reverend T. J. Hussey
4. Hansen

及之，羿森者，行星擾動學之專家也。

翌年，尼高來[1]（及發爾茲）研究一天王星外行星，與嚇列彗星軌道相關之問題（所謂天王星外之行星，即係一特著之科學預測，後證實於一七五八年。）該彗星於是年復現，並受木星擾動之影響。實際上在普通天文學論文中已表示新行星之不久可以發見。[2]散麥維爾夫人於其物質科學之關連[3]（一八三六年）中，謂天王星記錄中之罅隙，或者因而發現一物體之存在，或竟『該物之質量與軌道，而其物之遠，自必永在吾人目力範圍之外也。』又如美德勒[4]於其通俗天文學[5]（一八四一年）中，言天王星之預測，或者因研究土星軌道中所生之擾動而得。彼繼言吾人若應用此推論於天王星以外之行星，則吾人『自可希望他日必能藉解析之力而獲勝，凡吾人心力所及而目力所不能達者，皆得而發見之矣。』

部伐德·亞歷西斯有姪曰部伐德·尤金[6]，嘗注意及於天王星軌道中之參差，並製新行星表，直至海王星發見之當晚而止，其工作之重要，殊未可忽視也。一八三七年，氏致書於亞立，謂天王星觀察與計算間之差甚大，且有繼續增大之勢：『豈其相差之故由於某星體之移近此星而發生之擾動乎？余實不知，特此乃家叔之意耳。』

至一八四〇年，著名天文家柏塞爾[7]聲言，欲解釋此罅隙，必以發見某未知行星之軌道與質量為

1. Nicolai
2. Mrs. Somerville
3. *The Connection of the Physical Sciences*
4. Mädler
5. *Popular Astronomy*
6. Eugène Bouvard
7. Bessel

根據，庶使天王星之擾動足以彌補觀察中之缺憾。』後二年氏擔任新星之考察，星之存在則已確認之矣。然其工作猝因助員佛來銘[1]之死，及本人之病，而爲之中止。柏於一八四六年病終，距海王星之發見，不過數月前耳。斯時新星之探求已甚普遍。然天王星之錯誤，猶在二分下。此與計算地位之偏移，固非肉眼所能辨別，然科學界人，終覺牛頓之學說有不可盡信之點，否則吾人之太陽系中，當另有一行星加入也。

一八四一年之七月，有亞當斯[2]（約翰·科契）者，劍橋聖約翰專科學校之少年學生也，因讀亞立之天文學之進步一文，而引起其興味，遂俟畢業後，立志欲解決此多人研索之問題。一八四三年之春，考列優等第四，得文學士學位，乃擔任『探求擾動天王星之新星，而計其質量與軌道。』按普通行星擾動之問題，所求者乃由質量運動已知之星，所加於已知軌道之效果耳。今之問題則與此相反；擾動爲已知，而所求者乃擾動行星之位置、質量、與軌道也。所難者事料不足徵，若已知行星天王星之數量，其本身已屬可疑；事實上今欲擔任此考察，惟有依據於其行星表中不可恃之點耳。總計未知之量有十三種之多，即此已足示解決此題之非易矣。

亞當斯乃始之以近理之假設，暫認未知行星之軌道爲正圓，其去日之距離，倍於天王。後之假設與所謂『波得定律』者相合，律言各行星距離之間，有一簡單之數目關係（爲四、七、十、十六、二八、五

1. Flemming　2. John Couch Adams

二、一百、一九六），又謂行星之去日愈遠者，其去日之距離愈近似於前一星去日距離之二倍。亞當斯知第一步假設之合理，乃益奮勵而任更精密之計算焉。

劍橋察力斯教授[1]復代亞當斯請益於皇家天文官亞立，亞乃以一七五〇年至一八三〇年，在格林維基覆核之行星觀察予之。亞當斯之第二步假設，以未知行星之軌道爲橢圓形。氏乃漸次進解，每次計算則增加其擾動之事項。至一八四五年九月，呈送其所算結果於察力斯，察於是月二十二日致書於亞立，謂亞當斯願得暇便親以解法求正於左右。至一八四五年十月二十一日，此少年算學家經二次之失望，皆不能邀亞立之贊許，乃遺一論文於皇家觀象台，詳列新星之數量，其所定該星之位置，與確數差一度以內。

十一月五日亞立作書覆亞當斯，於他事外，問亞以所得解法，於半徑向量之錯誤應予計入外，其日心經度之錯誤是否亦應計入。在亞立，此問本欲於亞當斯以此點之暗示；乃亞並不以此爲重要，遂終於不能答解矣。

是時有一可畏之敵手加入其事。其人爲誰，即勒未累[2]是也。勒應阿刺各氏之請，擔任考查天王星表中之錯誤。是年九月，部伐德・尤金已製成該星新表，而勒未累則以極正確極有系統之方法求之。其第一篇關於該問題之論文，於一八四五年十一月十日，載法國科學社報告書。勒氏曾取土星木星

1. Prof. Challis

2. Leverrier

對於天王星軌道之擾動事料，加以嚴密之考察。其第二篇論文發表於一八四六年六月一日，文中曾評論天王星新舊觀察之記錄，又將部伐德之星表加以嚴厲之駁斥，並斷言天王星軌道中發現之參差運動，不能歸咎於觀察之錯誤。其間必有外界勢力之存在，特從未爲天文家所知耳。科學家中，有謂吸引定律不適用於太陽系內者（亦有謂他星系之吸力爲其一原因者）然勒未累皆否認之。其他學說亦被駁斥。氏嘗詰問曰，『天王星之運動參差，能否由於一擾動行星之作用，此星位於橢圓軌中，去日之平均距離爲天王星之二倍？若此說果確，則此行星之位置當在何點？其質量若何？其所行之軌道大小形狀若何？』勒氏由計算所得之結論，載第二文中，論謂天王星觀察中之所謂參差，可以一行星所生之擾動解釋之。此星在一八〇〇年一月一日之日心經度爲二五二度。亦卽一八四七年一月一日之三二五度。

亞立接受勒未累之第二篇論文，在六月二十三日，見此法國科學家所定新星之位置，與去年十月中亞當斯所定者同，乃大驚奇。亞立遂致書勒未累，言及半徑向量之錯誤，既而得覆，頗爲滿意而美備。前次此皇家天文官對於其所促成之發見頗疑爲不可能事，而今則不然。蓋亞氏對於正確之算學結果，往往視作德性問題，而非算學證據之問題也。此時亞當斯亦已得完美之結果，亞立以爲此事當從速用望遠鏡，以觀察亞當斯與勒未累從理論上所指示之天空部分。因卽於七月九日，致書於察力斯教授，請其應用劍橋觀象台之諸森伯蘭[1]大赤道儀，以行此事。

察力斯教授覺其事甚爲奇特，安能全恃純粹理論之推測而爲觀察，事有大部確定，而成效猶屬疑問者，況如此乎？然亞當斯又以新星之相對位置相示，察乃於七月二十九日始行觀察。至八月四日，當以遠鏡對準某相對點時，乃見一新行星，然氏猶誤認爲恆星也。八月十二日，旣遵照亞當斯之指點，以遠鏡對準後，復見此恆星狀之同一天體。察力斯乃將八月十二日所作之觀察結果與七月三十日在同一所在觀察結果相較，則見該星在後之觀察中，已失其所在，故知此星非恆星而實行星也。然發見之奬金，已先察氏而落於另一觀察者之手矣。

八月三十一日，勒未累之第三論文發表，文中述新星之軌道、質量、去日距離、偏心度、及日心經度。一八四七年一月一日該星之日心經度確數爲三二六度三二分。由此度數推得星之位置，在山羊宿S星東約五度。勒未累謂此星雖遠，猶對一某角，可從其圓盤之狀以識別也。

以勒未累有統系有斷案之研究，復經一大科學社之審查，自足以徵信於當代之天文學家。一時智識界人，咸知一大發見卽在目前。九月十日赫瑟爾·約翰爵士在英國學會演說，言是年以前早有新行星之推測。『吾人之見此星，猶哥倫布在西班牙之見美洲。觀乎吾人析理之高遠，進行之迅捷，殊覺驚人，蓋理論上之確定，正不亞於目力之證實也。』

1. Northumberland

九月十八日，勒末累作書寄柏林觀象台加爾博士[1]並附寄星圖一卷，係應柏塞爾之請而繪者。後一星期，加爾覆書云：『君所指定其位置之行星確實存在。余接到尊翰之日（九月二十三日）卽見一第八級大小之星，此星並未載明於最詳之星圖（係布勒密刻博士[2]所繪。）該圖乃柏林皇家學會所藏。翌年復觀察之，則知所見之星確爲行星無疑也。』此星去預測之點不過五十七分耳。

阿剌各謂勒末累之發見，乃近世天文學精密之一大明證。於此可以鼓勵幾何學家更盡力於永久眞理之探求。眞理者，如普林尼所謂，潛藏於偉大學說之中者也。

察力斯接勒末累之第三論文已在九月二十九日，是晚察氏卽轉動其折光鏡，以向勒氏所確信而指示之天空部分。察氏所見之星都三百餘顆，纖見內有一顆如圓盤狀，其光度等於第八級之恆星。卽此可以證明其爲行星。至十月一日，察力斯始聞彼德國觀察家已發見於先矣。

阿剌各既見亞當斯之計算，嘆其工作之精絕，乃思此少年算家未嘗發表其結果，自必失去其發見新星應享之榮譽，且歷史上亦必據此爲定論。故阿剌各初以法國發見者之名名此新星，繼乃改名海王星，至今通稱之。

亞當斯之結果因逕呈亞立，遂延擱數月未發表，亦未受人之注意。後亞立致書於勒末累：『預言此行星之地位者，自當屬之於君，無疑也。』亞氏此言，蓋深敬此法國算學家能以鎭靜堅定之態度處

1. Dr. Galle　2. Dr. Bremiker

之也。「苟余言爲不謬者，余意君之優長即在於此，此其所以能勝於勤敏幹練之算學家；而君之所以爲哲學家亦在於此也。」此數語即表明亞之見解，彼法國算學家之結果乃德性問題而非算學實據之問題也。

亞當斯之友人，覺亞氏雖交送其結果於諸天文家，而未嘗接受彼輩之援助或指導。察力斯固優遇之，然乏創造之才。察雖據有諾森伯蘭之大天文鏡，乃不思考察之於一八四五年，以爲行星之存在，出諸理論，不足徵信，卽不作此想，亦必以爲星之位置，計算不精，據此觀察，必甚費力而費時。以紐孔布[1]・西門之意見，[2] 亞當斯於一八四五年十月二十一日在格林維基觀象台所發表之結果，距星之正位不遠，不過數小時之精密觀察，卽不難察見此已知之行星矣。

亞當斯與勒未累二人，起初皆假定新星之軌道爲正圓，以作約略之估計，且星之距離皆爲天王星之二倍，與波得定律相合。後一八四七年，華盛頓斯密司孫學院[3]之倭克爾氏[4]能計算海王軌道之大小，甚爲精密。是年二月，氏查見（約同時佩忒森[5]亦見之）拉隆德[6]於一七九五年五月，已觀見海王星，惟誤認爲恆星。考巴黎之拉隆德記錄，則知拉氏之觀海王星計有二次，爲五月八日與十日。因兩次所觀不相符合，遂去其一，而註其又一爲可疑。若拉氏再複觀之，當見此恆星之移動，而知此實爲行星矣。

海王星之軌道較任何大行星爲圓，惟金星則過之。此星之距離三十倍於地球之離日，而非如波

1. Simon Newcomb
2. 見大英百科全書"海王星條"
3. Smithsonian Institution
4. S. C. Walker
5. Petersen
6. Lalande

得律所計之三十九倍。此諸大要旹於發見前計算時所預定者也。若去此，則如去階梯矣。自是人類之宇宙觀念爲之益廣。試思吾人之太陽系中，已知之最遠行星，去日約二十七萬九千六百萬哩，繞日一周需時約一百六十五年，不亦偉大也哉！

哈佛大學皮耳士[1]教授嘗指出勒未累計算與事實之差別，遂謂加爾之發見此星，祇能視爲徼倖事耳，特皮氏之說猶未能確立也。

參考書目

Sir Robert Ball, Neptune's Jubilee Year, *Scientific American*, Supplement, Oct. 10, 1896.

Sir Robert Ball, *The Story of the Heavens*, Chap. XV.

B. A. Gould, *Report on the History of the Discovery of Neptune*, *Smithsonian Contributions to Knowledge*, 1850.

Robert Grant, *History of Physical Astronomy*.

Simon Newcomb, *Popular Astronomy*.

Benjamin Peirce, *Proceedings of the American Academy of Arts and Science*, Vol. 1, pp. 57–68, 144, 285, 338–41, etc.

1. Prof. Peirce

第十五章　科學與遊歷——卑格爾之航遊

來伊爾[1]・查理爵士著有地質原理[2]一書，初版刊行於一八三〇至一八三三年間，書中云：「夫演說之風采固爲公衆演說家一二三項之首要條件，而在地質家，苟欲創立正確博大之見解，以明地球之構造，則爲其一二三項之首要條件者，厥惟遊歷尙矣。」遊歷之於科學，其價值之高，觀於來伊爾之事蹟可以知之。來氏嘗研究山脈於法，計算瀑布回退流於耐亞嘎拉[3]，測量水層石礦於密士失必江[4]，觀察煤層於諾法斯科細亞[5]，考査大沼澤之成分於維基尼阿——因是而有炭石爲有機本原之說。

本章所述雖非專重於來氏之學，然要知斯學之主旨乃表示以前地殼之種種變遷，推其原因，皆在今日運用之中也。哈同之說，謂此等變遷出於地底之熱力，來伊爾則異此，來與其前輩皆主地質變遷由於「現存原因之遲緩作用。」來氏實乃恆常派之領袖，與主張地殼之現狀，由於一組非常之激變，其所現自然力之偉大爲近世史中無與匹者之一派地質學家相反。來伊爾既察見巖層中之有機跡象，乃於一八三〇年覺化石中所代表之動植物，與現存之飛潛動植，於此二者之關係，尙有更進研究之必要。

1. Sir Charles Lyell
2. *Principles of Geology*
3. Niagara
4. Mississippi
5. Nova Scotia

本章主旨在表示遊歷之價值，可以增廣科學之立論，然欲取以爲例者，非來伊爾，乃來氏之信徒達爾文・查理[1]是也。達氏生日與另一大救世家同，亦爲一八〇九年二月十二日。氏年僅二十二歲，即受聘爲博物專家，乘御船卑格爾號，[2]自得文港[3]出發，航行全球。船長非子洛[4]亦一少年，長於達爾文三四歲，此次出發非氏爲領袖，其目的爲測量南美洲及太平洋諸島之某部海岸，並作全球時計之計量。至一八七六年，達爾文回憶此次堪供紀念之遠遊，乃書曰，『卑格爾之航遊，乃余平生最重要之一事，余一生事業胥賴於此也。』達氏雖亦肄業於高中等之學校，然每視此次之經歷爲第一次切實之訓練，亦第一次之智力教育也。

達爾文初嘗習醫於愛丁堡，然於外科醫學頗覺乏味。旣而改入劍橋大學，冀欲爲國立教會之牧師。氏母爲威季吳德・佐賽亞[5]之女，氏少時常從母聽講一神派之教義。一八三一年春畢業於劍橋大學，碌碌無足述。然當知達氏之性情，凡一切舊學氏厭惡特甚，惟治事甚勤，於各項科學之旁支研習尤篤，其採集之能非他人所及也。

達身高六呎，好射獵，善騎馬，能馳七八十哩不憊。在校時好交友，稍染奢侈之習。雖爲運動家，而温柔有禮；常惴惴以受傷爲懼，又不肯屈人下，嘗以是與船長非子洛口角甚劇，非卒恕之。特達爾文非好犯上者。蘇力凡・詹姆士爵士[6]嘗隨船出行，爲二等副船長，後多年語人云『余自信在卑格爾船中，前

1. Charles Darwin
2. Beagle
3. Devonport
4. Fitzroy
5. Josiah Wedgwood
6. Sir James Sulivan

後五年間，未嘗聞達氏暴怒，或對任何人出言不遜，或疾言厲色者。』

達爾文之父以觀察力特強著，其祖父名達爾文·伊拉斯莫斯[1]以善推測聞。此二優點者，達皆具足之。凡曾與達晤談者，咸謂其明藍之瞳感人最深，一若其目有顯微鏡之視力，實則達氏之異於人者，正以其所見之廣逾於人也。而同時又不能否認者，其視力之特著處，於慎重觀察之外，復能洞澈事理，其理解合乎論理，自信甚堅，其想像力則活潑有神。當其五載航遊之中，於地球之創造獲覩其全景而無遺。

讀達爾文描寫卑格爾航遊之日記[2]，未有不感其詞藻之美，詩意之妙者。達於航遊之時，所引以為娛樂者莫甚於景色。若巴西[3]森林中繁華之熱帶植物，巴塔哥尼亞[4]荒郊之清麗，提尼剌·得翡哥[5]森林叢密之山，皆最足動其情感者。此多才之弱冠少年，嘗記述其事曰，『於此偉大風景之中，欲將余所歎賞之各個物體，按類分析，未為難事；然欲將驚歎愛慕之忱，一一寫之，則誠為不可能也。』氏嘗登安第[6]斯之高山，聽瀑流之擊石，石隨入海，晝夜不息，乃感而言曰。『噫嘻此聲若喃喃以語人；乃有頑石千萬，相擊而相摩，其聲柔和，匆匆然向大海歸去。其情哀切，若愁流光之不常，往者已矣，不可復返。此諸頑石，惟以大海為歸宿，一聲聲音樂，便是一步步歸家之路。』

當卑格爾於一八三一年十二月二十七日自得文港出發時，此少年博物家尙未有若何之理論，

1. Erasmus Darwin
2. *Journal*
3. Brazil
4. Patagonia
5. Tierra del Fuego
6. Andes

及一八三六年十月二日，舟入法爾馬司港[1]，時達氏雖已覺學說之需要，以釋明各種動植物之關係，然猶未創立也。至一八五九年，其名著物種由來[2]始刊布於世。初達氏不過採集而已，當其航遊之時，每思己年尙少，未知採集之物在劍橋教授及其他名科學家觀之，有否價値也。

亨斯魯[3]教授者，植物學家也。達爾文之得隨船遊行，卽以亨氏之介。亨嘗以來伊爾之地質原理第一册贈達。（此時達爾文之思想所受影響最大者，除來伊爾外，或者爲洪保德等有名遊歷家。蓋洪等之書，達嗜之甚篤也。）達氏在威德角羣島[4]嘗觀察奇特之白色石灰層，沿海岸蔓延數英里，高出水面約四十五呎。此層處於火山巖之上，其上覆以火成石，卽在海底結晶之火山石也。然則此部含有白色層之海岸，顯係於火成石結成之後而漲高者。此層中之貝殼皆係近代之物，與近旁海岸所見者相類。在達爾文觀之，此次航遊或可集成一地質學書之資料。後在舟中，取其一部分之日記，向船長非子洛誦之，非甚嘉之，達始自信此記有出版之價値。

達氏所記遊覽觀察等事，皆係雜作材料，雖富而無綱領。其視力所及，範圍甚廣，若江海之水色，成羣之蝴蝶蜢蝗，若會長之與幼孩馳馬於懸崖之上，若智利海岸之大地震，品類無盡之動植物生活，蠻族之迷信，北冰洋島之奇觀，若山中嚮導人之趣事，於一萬一千之高山上煮馬鈴薯，而鍋水永不能沸——凡此諸事，氏皆一一筆之於書；事事物物，無非硏索之資也。其日記一書皆如是而成，但取實錄，不

1. Falmouth harbor
2. *Origin of Species*
3. Prof. Henslow
4. Cape Verde Islands

倘選材，然在另一方面言之，亦正以其取材之富，故能驅使思想整飭之人，以求解釋之眞因。人之智力運用不息，必得定律以整理紛亂之事實而後已。

凡爲來伊爾之信徒，必知地殼之形成需乎悠遠之時期。關於此項原理，達爾文在南美洲時，曾求得豐富之證據。又在高出海面一萬四千呎之安第斯高山上，尋得水族貝殼之化石。此種海底巖層之高升，自必由於至今爲自然界所控制之力。是項學說頗可證明此最忠實信徒之信仰。一八三五年，達爾文在智利海岸所獲見之此種力量，究有若何大乎？茲錄其二月十二日之記事如下：『今日者，乃[1]瓦爾的維亞史中紀念古代居民身受震災最重之日也。……卽此一震，而吾古代之友邦消毀盡矣。地球者，本爲堅實之標誌，然當地震之時，搖動於足下，若一葉之浮於大海。』氏嘗察見地震效應之最特著者，卽陸地之永久高升是也。[2]公塞普森海灣之四周，升高不過二三呎，而[3]聖大馬利亞島則其升舉較高；『船長非子洛曾在島之某部，高出滿潮水面約十呎，而仍見臭腐之蛤殼附着於巖石之上。』是日南美洲之火山方在噴發。火山物質所自噴出之面積，一邊長七百二十哩，與此成直角之另一邊長四百哩。其工作之力固已若是之偉，然欲產生一山脈，若[4]科的勒拉斯山，猶非若干年代不爲功，且也進步非恆常者，往往陷落與升高交互而行也。太平洋之底部陷落與升高漸次形成，達爾文說明珊瑚島之構成，卽根據於是理。事之『不穩定者，未有甚於地殼之平面者也，』

1. Valdivia　　2. Concepcion
3. Santa Maria　　4. Cordilleras

以火山工作力量之强大，與經歷時代之久遠，而與其證據有密切之關係者，則有達爾文所證實之動植物種類之浩繁，其中有極大者，有無窮小者，有生活者，有絕滅者。吾人知此種思想，自達氏在烏[1]拉乖及巴塔哥尼亞發見滅種哺乳類之化石遺跡後，所受影響甚大，蓋此等遺跡與某種生存之物種，頗有關係，且與其他物種有相同之點也。例如有箭齒獸者，[2]一種龐大之齧齒類，其化石遺跡發見之處，與達爾文發見現存之南美洲齧齒獸[3]在同一地帶，此生存之獸大與豕同，同時彼已絕滅之獸，其身體構造與貧齒類[4]（如食蟻獸，[5]犰狳，[6]樹獺[7]等）發生某種之關係。尚有他種化石，代表龐大之獸類，分明為貧齒類，且與食蟻獸大犰狳頗相類。又見一種厚皮而非反芻之獸類化石，其軀體構造與駱駝類相似，今南美洲生存之反芻類名駱馬者屬之。

何以有某種生物不能生存至今乎？蓋某種多病死，其遺族漸少以至於絕滅也。達爾文嘗在北部巴塔哥尼亞，發見已滅種之美洲土產馬。此種之所以滅亡，其道果何在乎？一五三七年，[8]倍諾斯愛勒始有客馬輸入，在該地荒野中頗為繁盛，至一五八〇年已繁殖至麥哲倫海峽之南矣。達爾文以所見甚廣，故於討論生滅存亡之種種原因，殊為合格。氏嘗研究各種生物之產地、居處、範圍、習慣、食料等，極為周詳。在南美洲之南北，往來遊歷者三載有半，每見一種生物取其相關甚密之又一種而代之。在食屍之鷹類中，以神鷹之生殖範圍為最廣，惟偏喜棲居於峻峭之直壁。設有動物死於平原之上，則惟蒼鷹[9]

1. Uruguay　2. Toxodon　3. capybara
4. Edentata　5. ant-eaters　6. armadillos
7. sloths　8. Buenos Ayres　9. polyborus

有最先攫食之特權，其次則土耳其鴟與兀鷹[1]。歐洲之牛馬放於福克蘭島[2]之野，形卽稍變；其馬漸形退化，而牛則體量增大皮成各色花紋。島上泥土柔軟，蹄遂加長而行路作蹣跚狀。又有一種牛類，或謂發源於巴拉他[3]南印第安人所畜之種，此牛所產之幼牛遷居至歐洲後，下顎漸成突出，於是嚙草之功能乃在其他幼牛之下。此牛遇大旱之期，竟可因此而死亡。在印度有一種已滅之反芻類，其構造之變異與此相同。

旱災之不利於牛畜，詳見一八二五年及一八三〇年達氏之記載。時判帕斯[4]大旱雨水甚少，植物完全枯死。估計一省家畜之損失約百萬金元。有某羣牲口共計二萬餘頭，無一免者。其他天災之事例，達氏記錄甚富。自一八三三年十二月六日卑格爾船離巴拉他後，見有無數蝴蝶成羣而飛，排列成滯狀，「日將落。忽一陣狂風自北吹來，卽此一吹，至少當有數萬蝴蝶及其他昆蟲全歸於盡矣。」當此事發生前二三月，達氏又親見大冰雹一次，在有限之面積內，殺死鹿二十頭，駝鳥十五隻，鴨、鷹、竹雞若干。達在南美洲時，每見此等滅族之戰爭。而在此戰爭之中，種族之存亡，果以何者爲斷乎？

競爭之道，不獨動物與非生物，植物與非生物，植物與動物，以及動物與動物，植物與植物爲然也；卽人與環境之間亦有競爭，而人與人之競爭則凶惡甚矣。達爾文在南美時，在東岸見奴隸之虐待，西岸見工人之被迫，心乃惻然以動。氏與南美政黨之流血爭鬬，及消滅印第安人之戰爭接觸甚近。氏嘗

1. gallinazo　2. Falkland　3. Plata　4. Pampas

述及當時之實事直令人寒膽，謂『屠殺印第安人時，凡見二十歲以上之彼族婦女一律格殺勿論！余慨言此舉直同猛獸豈人道所許？彼告余者答曰，「是何言哉？彼輩生性如是也！」』

達爾文在遊歷中所見之事，印像最深者，莫如原始之人類。其言曰：『以余個人所見，最足令人驚訝者，莫過於初見一蠻人之居處——此等人之地位可謂人類中最低而最野蠻者。人之見者，必追憶及於古代之景況，將問曰，「吾人之始祖，豈亦若此人乎？」……余誠不信蠻人與文明人之間，可以描繪其差別之點。』達氏在提厄剌·得翡哥所見，尤足稱奇。達頗羨慕塔希提人[1]；又甚憐憫塔斯馬尼亞[2]之土人，其人豢養如獸類，有被迫移居之苦；氏以為澳洲之土著，實為人所誤認，惟其人數自與文明人合處以後，逐漸減少，深為可惜，蓋以酒精之輸入，土人受害者多，食料又較往日為難得，且以傳染歐人之疾病，易致死亡。而最後之一事，尤為亡種之主因，其中若有一不可思議之要素在也。當其在智利時，見有恐水病之侵入，病徵殊奇特，又甚可怖，氏雖欲以科學解釋之，而終不可得。又在澳洲時，雖歐人貌若康健，然病症之傳於土著者殊多，此亦不可解之問題也。氏嘗曰：『人與人之相競，與各種動物之競爭同——弱者常為強者所吞併。』

特達爾文在和輪角[3]附近之武拉斯吞島，則見其地之蠻人生活環境之惡已達極點，而彼輩猶能作困獸之鬬。彼輩無食物，無房舍，無衣服。惟赤裸裸矻立於風雨雹雪之中，冰雪着身，則任其融化為水。

1. Tahitians　2. Tasmania　3. Cape Horn

夜則裸臥於溼地，倦伏若野獸，其地氣候多風雨，亦無所蔽也。所恃以爲生者，惟介貝之蟲，臭腐之鯨油，與少數乏味之漿果與菌類耳。各族戰爭之時，則各相殺以食人之肉。達爾文嘗記其事曰，「至冬日爲饑餓所迫，則先殺老婦爲食，老婦既盡，乃及其犬，此實事也。」某遊歷家嘗問其故於童子，童答曰，「以犬能捕人，老婦不能也。」在此等艱苦之情況下，個人或種族之生存，當以何者爲斷乎？或者以爲此必以人之體力爲斷，實則非也。其能解答此問題而正確無誤者，惟達爾文而已。達氏之完成其判斷正確之思想，蓋已六七年於玆矣。

卑格爾船在太平洋中西行時，途中在加拉巴哥羣島[1]勾留約一月，島在赤道以南，離大陸約五六百哩。「該島之有機物產大多爲太初之生物，爲他處所無者；各島居民頗有差別；然彼輩咸知與美洲土著有特殊之關係。」何以島中之動植類似於大陸，又一島之居民何以又不同於鄰島之民？達爾文常謂物種之生不能變移其性，一種之物決不能變爲他種。

達氏在加拉巴哥羣島中所見陸生哺乳類惟有一種，即一新種之鼠，且此鼠惟最東之一島有之。南美洲之鼠至少有四十種，其在安第斯之東部者與西岸之鼠異。氏所見陸生之鳥共二十六種，內二十五種皆他處所無。內有鷹一種，體格介乎鵰與食屍鷹之間，一若此種已經改變，而具有南美洲食屍鷹之功能者。反舌之畫眉共有三種，內二種各限於一島。黃鶯共十三種，皆島中所特有者。在各種雀類

1. Galapagos Archipelago

中，其喙之大小有一完整之等次，相差甚微，非觀標本或圖畫不能辨也。

島之有鮮豔色彩者占少數。他若植物昆蟲亦然。達氏欲求一鮮明之花而終不可得。島中有本產之大龜，體量之重，非七八人不能舉。（此少年博物家常喜立其背上，但龜受激刺則前行，甚難安立。）各島皆有其特殊之物類，然又不能分為異種也。爬蟲中有蜥蜴二種，皆係同類，亦惟加拉巴哥所特有者。其一，為水居者，長一碼，重十五磅，有『四肢爪犀利，適於爬行於粗糙不平之火成石上』，以海藻為食。遇敵受驚，則自能出水避之，一若懼水族之仇敵為尤甚者。陸生動物祇限於羣島之中部島上；較水族為少，以仙人球，樹葉，菌類為食。

海魚得新種十五，分配於十二類中。羣島中雖不富昆蟲，亦有新種數類，每島皆有特產。加拉巴哥之植物，其奇特與動物等。有花植物之大半皆屬土產，各島之物種差別極大。例如在詹姆士島所見之植物共七十一種，而其中惟三十八種為羣島所公有，餘三十種皆一島所獨有。

十月，卑格爾西行至塔希提、新西蘭[1]、澳大利亞、基隆羣島[2]、毛里西亞[3]、聖赫勒拿[4]、亞森森[5]；一八三六年八月一日，抵巴伊阿[6]，巴西；最後由巴西而至英格蘭。達氏於多次之觀察中，嘗留意於澳洲之特殊動物，如袋鼠及數種有名之鴨嘴獸。在基隆羣島見主要植物椰子。達在此處觀見奇大之蟹，其軀體之構造，甚適宜於破椰子之殼。蟹之食料即取給於是，『彼輩所取椰子殼之纖微堆積甚多，蟹即居此以為牀

1. New Zealand　2. Keeling or Cocos Islands　3. Mauritius
4. St. Helena　5. Ascension　6. Bahia

榻。

一八三六年秋，此少年博物家方整理其日記以備刊印，乃見許多事實皆指向於共同之物種源流。氏於是自思，苟採集各種動植物，野生或家畜之變異事實，則於斯學之全部必能獲一線之曙光，其言曰，『余之工作悉依據於培根之原理，未嘗自立學說，惟採集事實不厭繁多。』氏嘗見養鴿及飼家畜者，每將其所喜之特點設法保存之，遂成一特種之禽畜。此即人工選擇之法也。然則天然之選擇將何若乎？

一八三八年，氏讀馬爾薩斯之人口原理論[1]，論言人口之增加，苟無戰爭疾病之限制，多而且速。氏在遊歷中亦嘗見及妨害生存之仇敵。至此乃悟『在此等情形下，適宜之變異可得保存，而不適宜之變異則為之消滅。其結果即造成一新種是也。』特殊之生殖，既可用人工選擇法以發達之，則新種之生，又何嘗不可以天擇之法為之耶？此等新生之種，即演成一類，以適應生存之新環境。

一八五八年，在達爾文發表其學說之先，彼自另一大遊歷家名窩雷斯[2]（亞勒弗烈·羅素）時居於摩鹿加[3]（一名丁香）羣島之德拿特[4]，得手抄論文一篇，文中所立見解與達氏同，謂新種之生，由於生存競爭，適者保存之理。

參考書目

1. *Essay on the Principles of Population.*
2. Alfred Russel Wallace
3. Moluccas
4. Ternate

Charles Darwin, *A Naturalist's Journal.*

Francis Darwin, *The Life and Letters of Charles Darwin.*

W. A. Locy, *Biology and Its Makers* (third revised edition), Chap. XIX.

G. J. Romanes, *Darwin and After Darwin*, Vol. I.

A. R. Wallace, *Darwinism.*

John W. Judd, *The Coming of Evolution* (The Cambridge Manuals of Science and Literature).

第十六章 科學與戰爭——巴士特力斯式

歷代科學史中，戰爭不特非科學之障礙，抑且為極大之助力，足以直接或間接促進人民之自由權，喚起工藝家與製造家之努力，並增加實用學術之需要。他若海陸軍之軍備與組織，戰爭之影響亦甚顯著；且因戰爭之反響，可以激起人之新毅力，以研究和平時代之文藝與工業，又可以助長文化進步之動機。況戰爭不特造成新教育之思想，又能助成新建設以適合於科學之進行，此皆非不習見之事也。如吾人所已知者，英之皇家學會與密爾頓學會，皆在大亂時所設。又如法之多藝學校，為許多科學發見之母，其設立也，所以應法國革命之需要。更足注意者，如崇尚實用之拿破崙第一執政時，改造教育，分法國為大學區，建高等學校，重興高等師範學校，組織帝國大學，於勒內[1]、里爾[2]等處，添設新科學課程及各區學會。凡此種種因戰爭而興起之建設，皆科學進步之主因。微菌學始祖巴士特·路易[3]（一八二二至一八九五年間人）之一生事蹟，與此等建設頗有密切之關係。

巴氏生於法國之多爾[4]，後數年其家庭遷居於阿波[5]。阿巴之先世業製革於柔拉[6]，三代於茲，乃崇仰革命之民也。其先本為田奴，至曾祖之世，始出錢獲贖，遂為自由之民。其父於一八一一年，時年二十，投

1. Rennes　2. Lille　3. Louis Pasteur
4. Dôle　5. Arbois　6. Jura

拿破崙部下爲兵士，一八一四年以忠勇故得法帝榮譽十字章之獎。巴生而敏慧，所薰受於其父者，類皆優秀之特點。至一八四八年——是爲歐洲各君主國叛亂之年——此少年科學家投國防軍爲兵，一日在萬聖廟中見一建築物上刻有『本國英雄之祭壇』數字，乃傾其所有——一百五十法郎——以盡拜奠之禮焉。

是年巴士特發見葡萄酸之性質，是爲巴氏對於科學之第一次貢獻，其他科學事業皆發軔於此。少時入阿波阿大學，教師勉勵有加，冀其能入高等師範也。但未達此目的之前，已在柏桑爽[1]專科學校得科學學士及文學士位。嗣赴巴黎，得識科學界之領袖——伯爾拿·克羅德，[2]巴拉得，[3]杜馬，[4]俾奥。[5]

俾奥因任職於多藝學校及軍械局，遂有聲於科學界。一八一九年，俾奥發表極化光（例如射過冰洲石之光線）之平面可被各種化學物質偏向於左右。在此種物質中，其一即爲普通之酒石酸——葡萄汁中之酸，取自酒渣中者。然以化學成分與酒石酸相同之葡萄酸，乃無此種光學之功效，苟將極化光之平面旋轉之，不偏於左，亦不偏於右。巴士特於此酸本有特殊之研究，遂將水溶液中所得之酒石酸鈉錏結晶詳加研究。巴氏覩見此物實分二種，其差別之點，正如手套之分左右，鏡外物之與鏡中影。將此晶體按類析之，每類溶成一液。取其一液而以極化光之器械試之，其平面即偏向於右；又一溶液則偏向於左。氏之發見，既極精到，又屬首要，方知葡萄酸乃二酸所組合，一名右旋葡萄酸，一名左

1. Besançon　2. Claude Bernard　3. Balard
4. Dumas　5. Biot

旋葡萄酸。俾奥聞之頗疑遲不信，以其年少而識淺也。既而於俾奥前反覆驗之，事乃證實。俾奥乃狂喜呼曰，『吾可愛之童子，余夙好科學，嗜之如命，今見此，余心躍然。』

巴士特之職業經驗始於第戎[1]學校任物理教員時，惟未幾即遷調至斯特拉斯堡[2]大學（一八四九年）。嗣娶該校監督女為妻，後三年任化學教授。一八五四年派任為里爾科學院院長。里爾乃法國北部之一鎮，當時官場咸指為最富饒之工業中心。氏就職演說時，即表示實用研究之價值與興趣。氏自信為教育家者，須與工廠試驗室時相接觸。學者當常以應用為目標，惟須根據於科學原理為嚴密堅固之基礎；蓋惟學說能造成發明之精神也。

巴士特之研究葡萄酸，始於巴黎之試驗室，繼之於來比錫，布拉格[3]，及維也納，因而創立分子不對稱性之學說，為近代立體化學之嚆矢。至是巴士特復研究新學，以謀工業上之應用。氏作一試驗，視之似甚怪僻，彼以酒石酸錏置於尋常發酵狀況之下，乃見發酵者僅屬一部——即右旋之酸。此何故乎？巴氏解之曰，『此因發酵作用發生於右旋之分子較左旋者為易也。』氏又將普通霉菌置於灰及葡萄酸之面，保持其生活，既而察之，則左旋之酸現矣。巴氏自結晶之研究，推而至於發酵之研究者如此。

當十九世紀之中葉，發酵之性質鮮有知者，惟欲以此未瞭解之作用解釋各種疾病與腐爛之原因者，殊不乏人也。何以果子汁能產酒精，酒能變醋，乳能變酸，乳油能酸敗？此等發酵問題，巴氏關心甚

1. Dijon　　2. Strasburg　　3. Prag

切，蓋因里爾某工廠之鼓勵也。巴氏習偕其學生參觀該地各工廠，及法國鄰近與比利時諸城。生徒中有某生之父營甘蔗製酒精之業，製造時遇有困難問題，往往請益於巴氏。巴氏乃發見產生酵母與發酵成敗之關係，氏取酵母置顯微鏡下觀之，則見發酵進行不善者，其分子形式必有變化。一八五七年，巴士特根據此理證明酒精之發酵，卽糖質變爲酒精，炭酸，及其他化合物，恃乎酵母之作用，而酵母之細胞則廣佈於空氣之中也。

巴氏在此第二次大勝利之一年，被派爲高等師範學校科學系主任，氏在該校畢業時爲一八四七年。後二年，其愛女因傳染病——腸熱症——而卒，其敏健之腦力，未免因傷感而稍損。與巴氏爲敵者，多知其奮鬭之不稍懈息。氏自信力甚堅，嘗言爲人類幸福計，正直之觀念——其觀念得之於繼續不倦之試驗——必昌於世，以故人皆以奮鬭家目之。然巴氏之一生行爲，處處皆以仁慈爲懷。每以殺傷爲懼，與達爾文同，故遇試驗室中必須解剖動物時，必堅持採用蒙藥以減其痛苦（蒙藥之用，至辛[1]普孫而大進，時在一八四七年）。魯[2]·愛彌爾謂巴士特每見人稍示痛苦，卽踴躇不寧，令人失笑。

其愛女死後數月，巴士特作書與其友曰：『余方盡力以研究發酵之作用，其事至趣，蓋與不可解之生死祕義有關也。余希望不久卽可得一解決，其法先將著名之自然生長一問題明白解答，然後推究及此，必可見效。』二年前有某科學家聲言動植物能生育於人造空氣或氯氣中，其一切大氣及一

1. Simpson　2. Emile Roux

切有機細菌皆可完全屏除。巴士特乃以棉花或石棉之塞子濾清空氣（是法亦曾於一八五四年爲他人所倣行） 由此證明在此等空氣中，無發酵之可能。大氣中可以使物生長者，惟其所含之微生物耳。氏又證示易致腐敗之流質如血液等，若置於除去大氣塵埃之淨器中，能永不生變。

駁詰巴士特者，謂若腐敗與發酵純係微生物所致，則此微生物必到處皆有而充滿於空氣之中。巴答以大氣之中，有數部其微生物之數較多，而他部則較少。氏欲證實此說，乃親赴阿波阿，隨帶玻璃瓶若干，半儲易腐敗之液體。瓶中液體煮沸後，將瓶頸抽細，密封之，不使通氣。設瓶頸破裂（再欲封之，亦甚容易） 則空氣流入，遂（若空氣中含有充量之微生物） 使液體腐敗。氏每次試驗，見有若干瓶之液體，並不變化。以二十瓶暴露於阿波阿之郊外，去人烟甚遠。此二十瓶中顯腐敗之象者僅八瓶。又以二十瓶暴於朱埬高山上之空氣中，高出海面約八百五十公尺，內腐化者不過五瓶。又二十瓶暴置於白山[1]附近高度約二千公尺，有風自美得格拉斯[2]吹去，此處腐化者僅一瓶而已。

巴氏之反對派仍信有機物之發生無需父母，而巴士特則信『一物種能以遲緩進步之變化變爲他種』之說，漸知祕奧難知微物亦有各種生存之競爭。巴氏願此等研究精益求精，庶可考察疾病之本原也。

氏返而研究乳汁之發酵作用，證明乳油之發酵，因微生物所致，此物生於缺乏氧氣之處，然如醋

1. Mont Blanc

2. Mer de Glace

之生於酒，由於微菌，此菌之生乃不避氯氣。巴氏於此自然界之經濟中微小生物之作用，觀察甚詳。苟無此等微生物，則生活將成不可能事，因死亡將不能完成也。氏所作之發酵研究，足以證示分解之作用由於此微生物，而生此微物之父母，與其子嗣同。巴氏之信徒力斯忒[1]·約瑟，於一八六四年根據巴氏此說，遂創立防腐之外科醫學。

巴士特之注意繼又趨向於造酒工業，此業在法國甚盛，年值五萬萬佛郎。最足以阻止法酒之國外銷路者，莫如酸苦變味諸項，而此諸項是否由於發酵乎？巴氏發見此說果確，欲醫酒病，祗須將酒煮少時，至百度表五十度與六十度間。海軍當局曾命將此法作多量之試驗。乃有巴特[2]·約翰號船者，於航行前，載有酒五百公升，其一半已按照巴士特之法煮過。越十閱月，依照巴法所製之酒味甚甘美，香味亦佳，而未煮之酒則味臭而酸苦。更有一大規模之試驗——共有酒七萬公升，內六萬五千公升皆如法煮過——裝兵艦上運出，結果甚佳。從前酒中皆攙入酒精，以為保藏之法，成本既貴而於衛生又屬有害。

一八六五年，巴士特受絲業之託，以展其科學之宏才。一八四五年時，有所謂蚘蟲病者發現於蠶中。至一八四九年，此病影響於法國之絲業甚巨。計阿雷[3]一縣，在此後十五年間因該病而損失者，每年達一千二百萬佛郎之鉅。於是色芬[4]全區之桑葉皆棄而無用，遍地悉成荒蕪，巴士特因農部之命，遂任

1. Joseph Lister　2. Jean Bart　3. Alais　4. Cévennes

考查之責後四五載，雖以家庭多故體力衰弱，而卒能求得有效之療法。蚘蟲病之生，由於一種細球，可用顯微鏡照見之，此病在成蛾時可以認識之。第二種病名蠶病，由於一種微生物，可於蛾之消化管中見之。氏乃設一計畫，選擇康健蛾之種子，而殺除其他之蛾。由此考察所得，乃知此微小之物實生活組織之破壞者。巴氏於一八六三年嘗語拿破崙第三，其目的『在求獲腐爛病與傳染病之原因之智識』，今者去此目的，已庶乎其近矣。

一八七〇年之七月，巴氏遊慕尼克返，在斯特拉斯堡聞戰事已迫在眉睫。斯時其欲征服疾病與死亡之種種夢想已消歸於烏有。乃急馳歸巴黎。其子方十八歲，已隨軍出征。凡師範學校之學生皆列軍籍。巴士特之試驗室用作軍隊屯駐之所。巴氏本人亦願列入國防軍中，後有人語彼凡半身不遂之人皆不能充兵役。巴氏既畏流血之慘，又不能忍受敵軍之凌辱。故氏所能效力於國家者，惟有重理其舊業，然事亦無效。乃退居於故鄉阿波阿鎮中，思欲移其心思，以免受人之蔑視。春正月，阿波阿為敵軍所破，備遭蹂躪。巴乃攜其妻女出奔，尋訪其子，而子已臥病於蓬塔力克[1]。次月其子病愈，復入軍中。

當此危急存亡之秋，巴士特與其友人皆慨歎科學智識之缺乏，正與一九一七年英國科學家之感慨同。巴氏謂『吾人五十年來輕視科學之罪，於此戰中償之矣。』氏又言及智識界人之為人輕視，尤以科學界為甚，其情形正與今日之英人同。巴氏之友柏湯亦慨言，戰爭之後，自下至上事事皆需全

1. Pontarlier

部改造，而上層工作尤爲重要。巴士特復回憶及於一七九二年之時代，因有拉瓦節、[1]柏托雷、[2]蒙日、[3]佛克洛、[4]該吞·得摩服、[5]沙普塔爾、[6]克羅厄特輩，供給法國以火藥、鋼鐵、槍砲、砲台、氣球、皮革等物，方能抵禦蠻橫之侵犯。

於紀念[7]色當之翌日，有奎克兒教徒之外科醫家力斯忒者，發表石炭酸水溶液殺滅傷處腐菌之用法，及用此酸油溶液『預防外來腐蝕作用』之法。力氏謂戰地傷兵運來愈速，則醫治愈能見效。[8]塞第洛特（『微菌』一詞之始創者）者，[9]亞爾薩斯救護隊之隊長，從戰場中運送傷兵，最爲迅速。每見陸軍醫院中受傷者膿血交流，心甚慘惻，常恨巴士特與力斯忒之原理未能完全應用也。

及戰事既息，巴士特復努力如前，每謂『吾人必當工作，必時時工作！』氏今次研究者爲釀酒工業。巴氏不信自然變化之理，嘗察見啤酒性質之顯著變化，與微生物之生長相符。彼能以顯微鏡觀察酵母，而告英國造酒者以其出品之弊病。（氏嘗云，『吾人當引他人爲吾法國之友』）裝瓶之啤酒，亦能用巴法煮之至溫度五十度與五十五度之間。啤酒中若不含酵物，則不能變化。以巴之思想精密，宜其愈近於其所望之目的。因啤酒病之研究，遂獲傷口潰爛之眞因，是則微生物者當必有害於人畜之衛生矣。

一八七四年，法政府頒給一萬二千佛郎爲巴士特之養老年金，約等於[10]索爾奔大學化學教授之

1. Berthollet
2. Monge
3. Fourcroy
4. Guyton de Morvean
5. Chaptal
6. Clouet
7. Sedan
8. Sédillot
9. Alsace
10. Sorbonne

薪金。（一八六七年又受某校之聘，卒以孱弱辭焉。）此項年金，其法甚善。赫胥黎[1]謂單以巴士特之發見而論，其價值之高足抵一八七一年法國交付德國五十萬萬佛郎之賠款而有餘。況巴氏之功業，皆出於愛國之熱忱者乎！氏嘗謂科學無國界，其勝利屬諸人類，惟科學家必具愛國之心，以爲其祖母服務也。

自是巴士特又依據其先前之考察，致力於毒症之研究。巴氏頗反對信疾病自生之醫家，誓欲與一切害人之生物作最後之決戰。初一八五〇年時，有達徵湟[2]及累厄耳[3]者，證明動物之死於癱疽者，其血中常現桿狀之微生物，此病甚劇，法國牛羊之死於此者，不可勝計。科和[4]博士常服務於普法之戰，至一八七六年，獲得純粹之此種桿狀黴菌，並釋明此菌與該症之關係。一八七七年，巴士特研究癱疽症，證實以前之發見，並求得預防此病之法。又與朱伯爾[5]及張伯蘭[6]發見腫脹致死之桿狀菌。一八六四年，法國盛行產後熱症，巴黎產科醫院中臥病者一千三百五十八人，因而致死者三百十八人。巴氏乃應用微菌學原理以治之。是時巴氏不得不反抗守舊派之醫家，且攻擊甚烈，其信徒某君言此即巴氏思想高尙之特性，故以感情用之於理智也。一八七九年美國豬疫盛行，死豬百萬頭，又雞雞亦感霍亂症，二者皆巴氏所注意者也。

雞雞霍亂之毒苗經若干時後，漸失效用。有一母雞種以薄弱之毒苗，其病果發，乃越時而愈（頗

1. Huxley 2. Davaine 3. Rayer
4. Koch 5. Joubert 6. Chamberland

與舊時種痘後之情形同) 繼又以新苗種之，以爲其必死矣。然未幾而又愈。蓋用弱苗種之，足以抵抗其病，而不使發生。薄弱之苗經多雞傳種之後，其力漸強，第二雞所種之苗取自第一，第三又取自第二，如是傳種無限。雞之未感雞雞霍亂症者，用一組漸薄漸強之苗連續種之，可使不受傳染。至於癰疽，則其苗可維持於某溫度以減弱之，亦可傳種多豬以加強之。其例甚多，亦有病菌自一動物傳至他動物而失其毒性者。例如人之痘苗種於小牛身上而成牛痘。此等事實足助解釋。如某種病症，何以經歷代沿傳之後，其毒漸減，又文明人所能忍受之病，何以傳於澳洲之原人，卽足致死，觀上所述可以豁然矣。

巴士特之癰疽種苗法，於一八八一年七月試用於麥郎[1]。受試者，羊七頭，小牛若干。羊受預防施治法後，雖種以極重之毒苗，無一死者；其未受施術者，則奄奄待斃矣。試牛之法，效果亦同。巴士特以爲死於癰疽之羊，其埋葬之處，必有微菌散出地面，集居於蚯蚓蜕殼之中。因卽佈告居民，教以防止病菌傳佈之法。又發明痘苗一種以治豬疫，裨益農業，匪淺鮮也。

巴氏年十五居巴黎時，思家成疾，因嘆曰『余家舊硝皮場，苟能令余一見，病必霍然愈也。』乃其後果常與絲、毛、酒、等業相處，其科學觀察之力，永垂不朽。其一生常以實用與理論職業與科學相輔而行之義，詔告學者。其所實行，勝於言辭。其分子不對稱性之說，謂分子中之原子，可以排成左旋右旋之狀，或同於不對稱品體之他種立體形狀。此說實已深入物質構造問題之堂奧。其預防之法，則於以毒

1. Melun

攻毒之舊說中開顯新義，造福羣萌。又巴氏所創物種漸變之見解，足爲實現與轉變，眞實與實質等哲理之新解。然巴士特之意，則以爲牧人園丁皆我之師，所獲益於此者，眞復無窮也。

氏爲人性情坦白，遇人以慈，於宗教則信仰甚篤，於國家則愛護彌切，誠不愧爲完人。氏每思以科學之進步，使法國重爲世界所欽敬。故於一八八一年出席於倫敦國際醫學會議時，聞歡迎者如雷之掌聲，而心滋歡悅。在會場中得見威爾斯[1]親王，後語人曰，『余見時，向之鞠躬，且言鄙人今得致敬禮於吾法國之良友，心實快慰。』

巴士特之研究狗瘈症，即在此年。提取此病之毒菌，殊爲困難，惟取瘋狗之延髓注入另一狗之腦膜，則立現瘈病之徵象。欲得稀薄之毒菌，祗須從病狗取出延髓而乾之。此稀薄之苗，接連種入多狗之後，其力爲之加強。巴氏乃得一被瘋狗咬傷後之預防法，即將毒質注入皮下。巴氏推測當種苗預防之後，此毒苗即隨生一質，能令神經組織不適宜於細菌之生長。

至一八八五年，氏始冒險應用其發明以防恐水病。是年七月六日，有小孩名美斯式[2]·約瑟，自亞爾薩斯之某鎮，由其母攜至巴黎治療此病。此孩爲一瘋狗咬傷甚劇。巴氏見之，心甚憫憐，乃親任治療。立即種以減薄之毒苗。此孩種苗後，頗爲舒適，住院醫治凡十日，日日在試驗室中嬉遊如常。巴氏則憂喜交感，繼見苗毒增强，則心甚恐怖。至八月二十日，氏乃自信此項療治已奏全效。十月中有牧羊少年，爲

1. Wales　　2. Joseph Meister

一瘋狗咬傷，然其餘兒童均賴此少年之救護而獲免，此少年卽得益於巴氏大發明之第二人也。此二童治愈歸家後，巴嘗與之通信問候，慈祥之氣溢於言表。其最切切關心者，一則二童之現狀若何，一則將來之效果當若何。尙有一病者，被咬後三十七日始送至氏處，後卒不救，至翌年三月一日，巴士特報告此病求治者三百五十八人，死者僅一人耳。

當募捐創辦巴士特學院時，世界各處爭先輸助，得款二五八六六八〇佛郎。捐戶之最著者，有巴西皇帝，俄羅斯皇帝，土耳其蘇丹，及亞爾薩斯之農民。一八八八年十一月十四日，院長[1]噶爾諾行開學禮，未幾卽有魯氏、[2]尤星、[3]麥奇尼可夫、等巴氏之高足，爲校爭光。開學時，此老成之科學家有演詞如下：——

『院長先生，承先生屈就，感幸無旣，今敢以哲學見解略陳一二。余敢言當今有相反之二信仰互相搏擊；其一爲流血捨生之信仰，創製破壞之利器，促各國相見於疆場——又一爲和平救生之信仰，創製救人之利器，拯民衆脫離於疾苦。

『其一求殘暴之征服，又一求人類之福利。後者登人生於任何勝利之上；前者則犧牲千百萬之生命，暢一人之私欲。吾人所應效力之信仰，雖在屠殺之中，亦必救治彼戰爭之暴行。吾人藉防腐之治法，已足保存千萬戰士之生命。二者之中最後孰勝，惟上帝知之。然吾人可斷言，法國之科學，必能遵守人道之信仰，以擴張生命之前線。』

1. Carnot　　2. Yersin　　3. Metchnikoff

参考書目

W. W. Ford, *The Life and Work of Robert Koch*, Bulletin of the Johns Hopkins Hospital, Dec. 1911, vol. 22.

C. A. Herter, *The Influence of Pasteur on Medical Science*, Bulletin of the Johns Hopkins Hospital, Dec. 1903, vol. 14.

E. O. Jordan, *General Bacteriology* (fourth edition, 1915).

Charles C. W. Judd, *The Life and Work of Lister*, Bulletin of the Johns Hopkins Hospital, Oct. 1910, vol. 21.

Stephen Paget, *Pasteur and After Pasteur*.

W. T. Sedgwick, *Principles of Sanitary Science*.

René Vallery-Radot, *Life of Pasteur*.

第十七章　科學與發明——蘭格力之飛機

窩雷斯嘗頌揚十九世紀之科學，而舉其主要之發明如下：（一）鐵路；（二）汽船；（三）電報；（四）電話；（五）火柴；（六）煤氣燈；（七）電燈；（八）攝影；（九）留聲機；（十）電力輸送；（十一）欒琴線[1]；（十二）光帶分析；（十三）蒙藥；（十四）防腐外科學。以前諸世紀——皆不逮十九世紀之光榮——主要發明不過七八種而已，茲列舉如下：（一）字母書法；（二）阿刺伯數碼；（三）羅盤；（四）印刷術；（五）望遠鏡；（六）氣壓表與溫度表；（七）蒸汽機。又重要之學理發明，在十九世紀有十三種，而十八世紀僅有二種，十七世紀亦祇五種。

訂立此表之本意——所以比較一世紀與他世紀之科學事業——非欲使吾人視發明爲獨立之現象，遂忽視其來歷，及與當代他項發明之關係。吾人考其發達之由，則知蒸汽行船不過蒸汽機之一種應用，且亦古來航海學演進中之一部耳。他若鐵路、防腐外科、火柴等，其理亦同。十九世紀之發明火柴，較諸蠻族取火用火諸法，論其技巧，未必前者優於後也。（試思十九世紀應用化學之便，則知此說未嘗過當。）又若吾人回溯於史前之時代，欲辨明發明與遲緩發達之結果，事實上殊爲難能——

1. Röntgen rays

例如冶金、製造工具、造屋、陶業、戰具、紡織、烹飪、畜牧、種植等。又如字母書法之創造，與阿剌伯數碼之應用，鮮有列入發明目錄中者。

他若炸藥、軍械、紙料、等物，亦表中所缺，讀者不難詳其故也。實用與理論雙方之發明，均應並列表中，庶幾可徵信理論爲實用之母，且示人以控制自然，端賴科學上之努力，非可徼倖而致也。然近至十九世紀之中葉，猶視偶然徼倖爲發明之源泉，而輕視科學事物本原之智識，本可以『開拓人類統治自然之疆域，』乃其時猶譏之爲癡人之說夢，不亦大可哀哉！

一八九六年時，關於人類制勝環境之重要進步，曰有三事。此三者乃馬可尼[1]，柏克勒爾[2]，及蘭格力[3]之所貢獻也。蘭格力因於天體物理學中有所發見，早爲科學界所聞名，是年乃證示機械飛行之切實可行。氏試驗此事已歷九年，始獲此果。既而又以數年之力從事推考，蘭氏遂得以自信之目親見其最後之成功矣。

於是文字中又需一新詞，以名此翅翼不見擊撲之鳥所謂御空，其意略異於飛，惟飛昇乃眞爲向上之飛，非徒淩空已也。鳥之飛行動作幾不需力，蘭格力深以爲異——其於日球之輻射亦然——蓋童年已然。此等現象（如鷹之翺翔於空中）本爲常人所稱奇，然同時又不解其故。溜冰者之馳於冰面，舟船之航於海，魚之浮於水，理同而事異；蓋魚之重約等於其所占之水，若土耳其之鵰，其重約二三

1. Marconi　2. Becquerel　3. Langley

磅，而能以無動之翼，御於稀薄之空氣，旋繞半小時而不墜。

一八八七年，蘭格力移居於華盛頓任斯密司孫學院祕書，乃於[1]阿利根尼之舊試驗所試驗空氣動力學。其主要之儀器，爲一旋轉桌，直徑六十呎，外周速度每小時七十哩。此桌初用煤氣機驅動之，翌年乃以蒸汽機代。蘭氏藉此旋轉之桌與一阻力計（動力記錄器），研究長闊不同各平面上之空氣效應，平面之傾角與旋轉之速度亦各變異。時則以梭鳥代金屬平面而觀其在空氣壓力下之動作，氏之科學推論皆基於此。一八九一年，氏發表其試驗之結果，由此證明——與某某等名科學家之說相反——：傾斜之面在空氣中平行時，其所需托力以速率增加而漸減。於此可見一方面之空中平移，與他方面之水陸平移，實顯然相違。『在水陸運行，速率愈增，用力愈巨，然在空中平行，在試驗限度以內，速率愈高，所用之力反較低速度者爲經濟』。又從試驗證明，在高速度時承托平面原動機等機械所需之力，卽可取給於此等機械而已足。例如一匹馬力，能適當用之，已足維持二百磅重之飛機，以每小時約四十五哩之速度平行空中。實則蘭格力已得實驗之證明，雖重量多倍於空氣之機，亦能飛行。至於飛行問題，如機之形式，空中之升降及維持平位等，則尚待於更進之試驗。然蘭氏自信時機已至，急宜嚴密考慮此等問題。其時一般物理學名家，在蘭格力未發表試驗結果以前，咸視航空爲烏託邦，今則亦參與其信仰矣。據[2]張紐特·屋大甫言，一八八九年時，歐人對於空氣動力學之基本問題，意見紛

1. Allegheny　　2. Octave Chanute

紜，殊不一致。張氏以爲惟蘭格力能確立空氣阻力與反動力之見地，故化解航空之問題，自當以此美國科學家之試驗空氣動力學始。

初蘭氏考察風力時，自以爲已從驗風器之觀察，求得飛行之秘義。氏於一八八七年，始在匹茲堡[1]觀察風象，繼於一八九三年，在華盛頓。由此乃信風之行徑爲『一組複雜難知之現象，』又風之速度，吾人固可斷其平均數爲每小時二十哩或三十哩，實則吾人卽不問氣層氣流之問題，而風之行動實遠異於尋常之流行，蓋爲脈動狀之行動，其速度與方向刹那變更也。若此複雜之情狀，能以固定之驗風器驗之——雖在狂風之中，或可記錄片刻之平靜——則遼闊之大氣中，氣壓之差，正不知若何大也。此風之內部工作，有時竟能升舉翺翔之鳥，上薄雲霄，自此運用其翼，卽能沿風行之面而下降。

蘭格力於試驗之初，卽思創製一實用之飛機。一八八七年及以後諸年中，曾製橡皮帶旋轉之飛機模型約四十具，皆經試行而改良者。氏由此等試驗，乃知飛行狀況得之於空中實驗者多，非用旋轉桌上之簡單平面，其控制較爲確定者所能得也。其主要之目的，自欲將平衡之原理推之於實用。氏所試驗，除各式大小飛機外，復試以各種製造之材料，最後則試各種推進之器械。後以鋼鐵製成較大之蒸汽發動機模型一具，機重可千倍於其所占之空氣，於試驗此機前，費數月之功，創製推進之器。更後乃解決飛行後安然下降之問題，俾模型降落不致損傷。

1. Pittsburg

一八九六年五月六日（今每遇周年是日舉行蘭格力紀念節），是機試飛於頗陀馬克河[1]上，成效大著，凡目睹其事者莫不讚歎，而決其前程之遠大。全機——有鋼鐵之骨幹，雛形之蒸汽機，烟突，凝縮空氣室，汽油桶，木製推進器，及翅翼——重約二十四磅。蒸汽壓力爲一一五磅，工作力近一匹馬力。此機得信號後，解除束縛，自停泊河中之船頂上徐徐上升，達最後高度自七十呎至一百呎。乃旋向右方（因一翼之繫索稍鬆）周繞二匝，將繞三匝，則改向前行；故其全程成一螺旋。經一分二十秒之久，推進器旋轉漸緩，蓋燃料已罄也。機遂徐徐下降，狀甚壯嚴，終乃落於水面。柏爾[2]（亞歷山大·格累謨）見之，詫爲奇觀，以爲此機能若是平穩，在場親見之人，安有不信空中飛行爲可能者乎？柏爾卽於試驗之日，致書於法國科學社，謂以彼所知，從未有製成一重於空氣之飛機，而能藉其自力以維持空氣之中至數秒鐘以上者。

蘭格力覺在科學家方面應任之工作今已完成——已證實機械飛行之切實可行——至於機之改良及施之於實用，則尙望於他人。蘭氏與佛蘭克林及德斐相似，不願註册專利，或設法取利於科學之發明；又與斯密司孫學院第一任祕書亨利[3]（電磁機初期之改良，卽出亨利之力）同，願爲科學家而不願以發明家聞於世也。

然蘭格力所欲製造之載人大飛機，終乃如願以償。至一八九八年，適當西班牙之戰發生前，氏覺

1. Potomac　2. Alexander Graham Bell　3. Henry

兩國對壘，已迫眉睫，此等機器當可爲國效力。時總統馬琴力[1]頗注意及此，因派海陸軍官合組一委員會，考查蘭教授航空試驗之結果。該會報告頗爲讚許，乃由軍械局呈請撥款五萬元爲研究之費，遂請蘭氏擔任製造事宜，務期改良成一戰鬬之利器。一八九八年十二月，氏正式允諾進行工作。

初蘭氏希望能從製造家取得體輕力強之汽油機，以供載人飛機之用。維當時自動車事業尙屬幼稚，氏迭次失望，乃自造一五汽缸之汽油機，馬力五十二匹，重僅約一百二十磅。又製成新式之起飛器械。承托面初用多翼，試驗後，乃改用單翼。蘭於一九〇〇年重行研究掠鳥之飛行，如鳥翼面積與其體重之關係，及海鷗等各種鷹類壓力中心與重心間之距離。氏於其他事外，又注意鳥之一翼稍稍傾側，卽足以完全變更其方向。

一九〇三年夏，成新機二架，備戰時試用，以一大遊船載之。船專爲此用而造，時停泊於頗陀馬克河之中流，在華盛頓下游約四十哩處。二機中較大者重七百零五磅，可載工程師一員，管理機器，指導飛行。原動機卽係上述體輕力強之汽油機。較小之一機爲大機之雛形，大小僅及四分之一，重五十八磅，機力在二匹半與三匹馬力之間，承托面積爲六十六方呎。

小機試飛於一九〇八年八月八日，其所用起飛器械與一八九六年之蒸汽模型同。當起飛時，機師忘抽去某針，且器械略有破損，然該機仍能起動，完善行時亦甚平穩，在大體上試驗結果尙稱完滿。

1. McKinley

機行直線約三百五十呎，旋九十度角而向右，同時油機漸緩，徐徐降落。乃未及水面，機又上升，復向前進約三四百呎，推進器速度仍如前狀。既而機又緩下，亦於未接水面前恢復速度。至第三次機緩下時，未及恢復原速度而機已着水。計該機於二十七秒內行程一千呎。某工人自承彼灌入桶中汽油過多，致吸油管中油流充溢，妨礙活瓣之動作。

大機試飛在同年十月七日，由工程師坐機中駕之。惟因縛索之柱爲物撩摘，致該機跌入船旁數呎內之水中。此次失事，雖未免令人掃興，然當場之工程師及一般觀者，則皆信機力之足以飛行。在當日所視爲失敗者，在今日之航空家視之，不過一細微之過失耳。在此二年中，五萬元之撥款業已用罄；在蘭格力教授觀之，斯密司孫學院以此款交氏，實已盡量利用，未嘗虛糜。乃當時報界少年以爲此大科學家之妄舉，正可取爲資料，乃作種種批評，毀其名譽。一九〇三年冬末（十二月八日）氏又作一偉大之壯舉，而遭遇頗爲不利。其缺點在起動之聯動輪，因是後翼及舵均於未離地時突然破折。至是乃決意放棄其試驗。此發明家已因失敗而隳其志氣，而當時羣衆又多懷疑，於是蘭氏之勇氣摧折盡矣。

一九〇五年，蘭格力之飛機記事，見於意大利航空學會之報告。後二年，此報告中又載一文，述布纍略特[1]之新機云：「布纍略特第四機，狀如一鳥……結果不甚完善，或者因缺乏平衡之故，特布纍略

1. Blériot

特並不謀改良之法（改良後或者可治此弊）乃捨棄此機，另製一新式之第五號機，全採美人蘭格力之平衡法。布累略特於一九〇七年夏，試驗此機，結果異常美滿，起飛問題早於上年解決——蘭氏逝世之年——法用車輪裝於機下，俾能藉其自力在地上疾馳。初第五號機飛行時，離地不過數呎，既而此敏巧之法國飛行家稍移其位置，以變更機之方向，且能稍向前傾而使之下降。布氏又增用駕駛器械，於是機可左右轉向，翺翔空中一如飛鳥。一九〇九年七月二十五日，布累略特乘單翼機飛渡英吉利海峽，於是全世界人皆知人類之征服空中已成爲事實矣。

蘭格力逝世後約三年，斯密司孫學院董事會設立蘭格力獎章，以獎勵實用航空學之研究。第一次獎章（一九〇九）給與威爾伯[1]及來特·奧微爾[2]，第二次（一九一三年）給與刻替斯[3]格倫及愛[4]斐爾·革斯塔夫。當第二次給發獎章時——一九一三年五月六日——以蘭格力之紀念轉桌，高舉於斯密司孫院舍之堂前，並由蘭氏故友布拉希爾[5]·約翰博士行揭幕禮。該院祕書演說，謂此桌所以代表蘭氏高坐壇上，俾可觀見天空，若以沉思之狀，觀察鳥之飛行，而心中則見其飛機翺翔於鳥類之上也。

桌上題字如左：——

1. Wilbur　2. Orville Wright　3. Glenn H. Curtiss
4. M. Gustave Eiffel　5. Dr. John A. Brashear

蘭格力·撒母耳

一八三四——一九〇六年

斯密司孫學院祕書

一八八七——一九〇六年

發明速度與傾角

對於空中行動面

托力之關係

「證明機械飛行之切實可行，乃余所應任之工作，今余已完成其一部分矣。」

「今者空中大道不久可以開闢。」——蘭格力，一八九七年。

有一事更足以紀念此大發明家者則後二年有一成功航空家之貢獻是也。一九一四年春，華盛頓舉行蘭格力紀念會，請刻替斯·格倫送器械到會。刻氏表示願將蘭格力之飛機試行於空中。乃將該機運至刻替斯航空場，場在紐約邱卡湖[1]。蘭格力之起飛方法本已證明爲合用，惟刻替斯最後決定自水面起飛，於機下裝以水上飛機之浮足，而結果果甚適用於此機。雖機之重量因是增加，然蘭氏此機能出其自力，輕掠於碧波之上，自湖面高舉，飛翔於空氣之中，姿態莊嚴，平穩矯健，時在一九一四年五月二十八日，距製者死後纔八載耳。斯時之機力用一八匹馬力之汽油機供給之，更適宜於增加之重量，在水面飛行輕捷便易，而閱時亦較久。在一九一四年六月之定期刊物中，吾人猶能讀得一措辭婉妙之宣言，題曰『蘭格力之愚癡飛行。』

參考書目

Alexander Graham Bell, Experiments in Mechanical Flight, *Nature*, May 28, 1896.

1. Keuka Lake

Alexander Graham Bell, The Pioneer Aerial Flight, *Scientific American*, Supplement, Feb. 26, 1910.

S. P. Langley, *Experiments in Aerodynamics*.

S. P. Langley, The "Flying Machine", *McClure's*, June, 1897 (illustrated).

Langley Memoir on Mechanical Flight, Smithsonian Contributions to Knowledge, vol. 27, No. 3 (illustrated).

Scientific American, Jan. 13, 1912, A Memorial Honor to a Pioneer Inventor.

The Smithsonian Institution 1846–1896. The History of Its First Half Century, edited by G. B. Goode.

A. F. Zahm, *The First, Man-carrying Aeroplane Capable of Sustained Free Flight*, Annual Report of the Smithsonian Institution, 1914 (illustrated).

第十八章　科學假設——放射性物質

在磨練未深之人，惟重事實不尙學理者，每以爲眞理固定而非進步，靜止而非變動。其所希望者惟在固定與靜止之眞理，每見名家立說非絕對不可破之說，則心存輕薄。夫以牛頓之立說健全，而其信徒頗有改竄非難之者，又如達爾文之天演學說，亦常隨宇宙間變化之公律而以時進展，然而世人之忽於此而不加察者，比比是也。無論道德宗教，舊者廢則新者繼，古時以一目報一目，一齒報一齒爲國家之法典，旋卽廢止而代以仁恕公正之律，此實事理之當然也。乃今人見科學學說之推翻，則稱之爲科學消亡之徵，否則亦將以科學破產目之，而不知此乃生機活潑之象，亦科學進步之朕兆也。是無怪世人之視科學假設，常有藐視之意；實則旣名假設（希臘文爲 ὑπόθεσις，有基礎設想之意）自必爲暫設之辭，一旦否證，卽成妄測；迨經證實，則不復爲假矣。

科學史中有一頁足以顯示假設在實驗科學中之重要，且由此所得之結果，決非崇尙事實識嘲理論者所得輕視之也。

一八九四年，[1]拉姆則·威廉爵士於大氣中發見一遲鈍氣體，其名曰氬[2]；翌年又辨識一第二遲鈍

1. Sir William Ramsay　2. argon

氣（係從鈾[1]釷[2]鑛中取得者），其名曰氦[3]，亦作氜（希臘字爲 ἥλιος，其意爲日），卽前年用分光法知爲日球成分之一原質也。是年欒琴[4]氏試驗眞空管中陰極上發出之光線，因而發見一新光線（氏名之曰愛克司光線），具有奇特之攝影效力。一八九六年初柏克勒爾·亨利於此立一假設，謂光線之發射與燐光作用有關，乃根據此假設試驗許多燐光質之攝影效應。氏所用之燐光質，除數種化合物外，爲鈾鉀二質之雙硫酸鹽結晶體，將此晶體爆於日光下，然後取一感光之照相片包裹於二層之黑色厚紙中，並置於晶體之上。結果燐光質之邊緣果現於片上。以銅幣置晶體與感光片之間，片上現幣像。柏克勒爾報告此結果後之二三日，偶（斯時日光隱現無常，不便試驗）將一感光片及此等燐光鹽拋置於同一抽屜中，乃此二物適成並列。後將片洗刷，則見一明晰之影像，氏大奇。氏乃假定此不可見之光線類似於愛克司線。此線能透射薄片之鋁銅，又能解除荷電之物體。越數日後，放射之力未見稍減。氏又假設此線或似尋常之光，乃使之屈折、反射、分極；惟此項假設，最後經剌得福德[5]及柏克勒爾自作之試驗而推翻。同時有一法國科學家，從金屬鈾及亞鈾鹽中取得放射光線。此線爲非燐光者，與鈾鹽相反。放射乃鈾中所含之特性，與尋常光線及燐光無關者也。

一八九八年四月十三日及四月二十三日，居禮·斯克洛多夫斯加夫人[6]及斯密特[7]氏各發表其研究釷鹽之結果。二者之研究皆根據於柏克勒爾之工作。居禮夫人曾同時考察鈾鹽及若干之鈾鑛。

1. uranium　2. thorium　3. helium　4. Röntgen
5. Rutherford　6. Mme. Sklodowska Curie
7. G. C. Schmidt

夫人所採用之鈾礦，爲約阿喜謨斯塔[1]等礦場所產之鈾瀝青，乃見天然礦之放射反較純粹鈾質爲强。自有此項發見後，自必更進研究，遂假定瀝青中含有一種以上之放射性物質。因是遂有第三種放射性原質之發見，居禮夫人名之曰鏷[2]，以誌其故國之榮也。居禮夫人（由居禮君爲之助）用化學方法分析鈾瀝青，知鏷質常與鉍[3]偕。其一八九八年發見之銑[4]質，亦得之於此分析中，此質常與鋇[5]俱。居禮夫人能獲得純粹之氯化銑，並確定此新原質之原子量。以五百萬分之上等瀝青礦，僅能提取一分之銑質（據索代[6]氏之估計）惟新質之放射性强於鈾質約一百萬倍。按居禮夫人之計算，一公分（卽格蘭姆）銑質之能力，足舉五百噸之重物至一英里之高度。索代嘗論及放射性發見與煤礦匱乏之關係，有下列一段熱誠之言論：『因此次發見自然界無盡藏之能量（及其對於智識界之貢獻）足爲二十世紀之前途放一異彩。』此質自然放射繼續不息，而其本體重量乃未見有細微之損減。一八九九年，得皮厄湼[7]又在此極複雜之鈾瀝青中，發見錒[8]質，其放射遠不逮銑。在此等研究中，居禮夫婦及柏克勒爾等皆受『放射性爲放射性物質之原子性質』一假設之影響。此假設至一八九九年始有確定之意義，至一九〇二年經居禮夫人之發見而益證實。

當一九〇二年，物理學家刺得福德與化學家索代氏，在蒙特利奧[9]馬克季爾[10]大學試驗室中，試驗釷質之放射性時，見釷質繼續發生放射性之新質，其化學性質及穩定性放射能力皆不同於釷。彼輩

1. Joachimsthal　2. polonium　3. bismuth
4. radium　5. barium　6. Soddy
7. Debierne　8. actinium　9. Montreal
10. McGill

遂趨向於同一之見解（凡著名科學家俱抱此見），謂放射性乃原子之現象，此非分子分解之作用。彼輩乃宣稱此等放射性之物質，必在進行一自然之變化。此項假設殊爲可貴，其在物理學中之革命精神，頗可與前三十年某著名物理家之言相對照，其言曰『歷代以來，破裂之事時時而有，即天空之中亦將發生，古代之制度可以解散，新制度可產生於其殘蹟之中，惟造成萬物之分子（意即原子）——物質世界之基礎——則永不破裂，永不消磨。』

一九〇三年，刺得福德與索代確定陳述其假設（通稱爲物質變換說），謂放射性物質之原子能自然分解，不受溫度大變化之影響（亦不受任何種物理化學之變化，爲試驗者所力能爲者），能發生新放射性之物質，其化學與物理之性質皆不同於原質。其放射中含有三種射線，一爲α質點（即氦原子減去二個陰電子），二爲β質點，即電子（荷有陰電者），三爲γ線，具有欒琴線及尋常光線之性質，惟波長極短，透射力絕大。放射線之射出，由於放射性物質原子中所含之能力，有時速率極高，例如γ線能透射二呎厚之鉛板。自然變化之發生，即由於此種放射故。刺得福德進究此事凡十年，後謂此項假設頗能完滿解釋各種放射性現象，且種種事實離此假設不能聯合者，今可藉此貫而爲一。除解釋舊時之試驗事實外，又能據此以創新工作，甚能使吾人預測將來研究之結果。或者以爲此說違反能量不變之原理，其實不然。原子之爲物，今已不復能視爲最小之物質單位，例如一β質點之質量約僅氫原子一千七百分之一。又此新假設不過爲改良之原子說，非與之相反者也。

謂放射作用非化學中熟知之分子變化，乃原子之自行分裂，此之假設在一九一三年刺得福德觀之，至少可用研究者依據此假設實驗所得之結果證之。氏將此等結果列成一表（其後稍加修改），於每一放射性物之名旁，註明放射之性質，該原質卽經此放射而變爲其次之原質。

放射性物質表

<table>
<tr><td>鈾</td><td></td><td>α 質點</td></tr>
<tr><td>鈾 X</td><td></td><td>β+γ</td></tr>
<tr><td>鈾 Y</td><td></td><td>β</td></tr>
<tr><td>鐚[1]</td><td></td><td>α</td></tr>
<tr><td>銧</td><td></td><td>α+緩β</td></tr>
<tr><td>射質</td><td></td><td>α</td></tr>
<tr><td>銧 A</td><td></td><td>α</td></tr>
<tr><td>銧 B</td><td></td><td>β+γ</td></tr>
<tr><td rowspan="2">銧 C</td><td>C_1</td><td>α+β+γ</td></tr>
<tr><td>C_2</td><td>β</td></tr>
<tr><td>銧 D</td><td></td><td rowspan="2">緩β</td></tr>
<tr><td>放射鉛</td><td></td></tr>
<tr><td>銧 E</td><td></td><td>β+γ</td></tr>
<tr><td>銧 F</td><td></td><td rowspan="2">α</td></tr>
<tr><td>鏷</td><td></td></tr>
<tr><td>釷</td><td></td><td>α</td></tr>
<tr><td>中釷 1</td><td></td><td>無線</td></tr>
<tr><td>中釷 2</td><td></td><td>β+γ</td></tr>
<tr><td>放射釷</td><td></td><td>α</td></tr>
</table>

1. ionium

鉒 X	α+β
射質	α
鉒 A	α
鉒 B	緩β
鉒 C $\begin{cases} C_1 \\ C_2 \end{cases}$	α α
鉒 D	β+γ
錒	無線
放射錒	α+β
錒 X	α
射質	α
錒 A	α
錒 B	緩β
錒 C	α
錒 D	α+γ

稍一瀏覽此新原質表，卽見一組變化與他組有相似之點。卽每組各含一射質，卽氣體，此質失去α質點後，變爲次級之原質。將該表任從上下讀之，以各組比較，又可得他種類似之點。

以鉛爲鈾組最後之產物，其意非無理由。苟能反其變化之程序，從賤金屬之鉛產生銑質，則此項事業將遠勝於煉丹家點石成金之妄想。雖此事似在可能範圍以外，然此種觀念，已鼓起多數科學家之幻想。索代有言曰，『哲學家之寶石』(古時信此石有化銅成金之力，)不特信有變化金屬之能力，抑亦人生之興奮劑也。今不論此無意義之妄想有何根據，然此說實卽暗示吾人今日之見解。』復次，在鉒質組中，或推測鉍質爲其最後產物。原子分解作用證實後（如鉛與氦，）於地質學及其他科學，頗多裨益，可藉此以明埋藏地下之岩層年紀。

於放射物質好之甚篤之刺得福德及居禮夫人輩，咸假定原子非堅實不可透入之質點，與牛頓所許者相反。在此假定之前，有湯姆孫爵士[1]者偕其門人研究原子之構造，其觀點與前者異，而結果略相似。此大物理家證明陰極線非由陰性分子組成，如從前所推想者，惟爲較此更小之質點，或名微子。在眞空管中，每有電子顯現，卽有陽性質點可以證其存在。由此可見原子非物質最後之單位，乃陰陽電子之組合物耳。以大體言，刺得福德之見解與此相合，所異於湯姆孫爵士者，在原子內部微子之佈置。刺得福德之假設，大致謂質量較大之原子，含有若干陰性之電子環繞一陽性核而旋轉。周圍之電子與中心核之電量適相抵消，遂使原子成中和之狀態。

此物質之微子說（亦名電子說）足以闡明化合定律之眞義。在原子價各各若干之二原子間，有所謂化學愛力，卽德斐等諸人而後所認爲電氣現象者，至是而始有確定之解釋。每一原子或陰性或陽性，視電子之爲增爲減而判。原子之電性相反，卽互相化合，其原子價之多寡，恃乎各原子所荷電單位之數目。而更有進者，物質電子之說，可爲另一假設之明證，卽所謂各原質者，皆成於一單純之基本原質是也。按各原質中自分類別，其化學性質隨原子量而異，昔時久已根據此事立原始物質之假設，以爲世界萬物皆由此成。今者藉微子說與變換說之解釋，或者可以氦原子與陰電子爲原質生成之本也。

1. Sir J J. Thomson

吾人從此放射物質之發見，所知於科學假設之性質與價值者何若乎？僅就一事言之，科學假設實試驗家所必需。蓋思想常爲試驗之先驅而爲之指導。復次，假設可以開闢研究之新徑，有時能令試驗者預測未來之結果，又可以結果充分證明之。刺得福德云，『吾人敢言，放射現象之精密智識，所以進步若是之速者，大多得力於原子分解之說。』此切實之假設足以解釋事實，導入發見，並不與已知之事實或已證實之原理抵觸，惟據吾人所知，或將其他假設予以修改耳。凡主張假設之人，應使之受事實之證明，當除去武斷輕信之陋習。據吾人所已見者，雖爲虛僞之假設，苟能審愼求證，即爲有價值之假設。

普通人於未經證實之假設，每不信任，就大體言，固屬有益。惟以科學家之職責言，於此等假設，不宜輕信，亦不可不信，當出以判斷之力，權衡其是非。吾人處事，假設一端占智力之一大部分，故吾人當愼重將事，以判別其是否爲合理。

暫時之假設不特科學家需用之，即行政官吏之通解隱語，偵探之偵查罪案，亦必用之。設欲瞭解暗號之書牘，則必先假定其爲某種文字，或者每一符號代表一字；然後從此暗號推求合理之意義，以證以假設。爲偵探者必假定該案之原因，或犯罪者所用之避嫌方法；其所立假設即不能發露其隱私，要亦有另立新假設之價值。

旁卡累[1]・亨利嘗指出一種最危險之假設，即不自知之假設是也。以其陳述不明，難於證明，亦難於否證。每有藉端事實以反對近今科學中之假設，此等人往往以不適用之舊說，或陋劣之假設爲立足地，而不自知其弊病之所在。例如拿破崙在十九世紀之初年，欲毀壞英國之商業財富，乃根據其方法於舊時之政治經濟原理，而不自知其不適用於當日。斯密・亞丹與堵哥之說，在拿翁觀之，以爲無謂之巧辯耳。拿翁嘗語其財政大臣曰，『余所求者乃實用之良法，非理想上最完善之法：世界之年齡甚老，吾人當取法其經驗以自利；其經驗謂舊法之價值勝於新理：知商業之祕義者非獨君一人已也。』吾人不欲於此處專論拿破崙破壞英國商業之方法是否最善之問題。當拿氏允許外貨輸入英國，冀耗竭其國內之金幣時，乃並不阻止英國之輸出以易歐洲之金幣。拿氏施行此政策之時，方以爲根據於萬古不朽之良法，不知拿氏不過摭拾十七世紀陸克之舊說，以反對超勝陸克之斯密・亞丹之說耳。

科學中有一假設，曰，『物種本原出於天擇，所謂天擇，即生活競爭適者生存是也。』此項假設自一八五九年後曾經過精密之研討，而後確立。大多數之假設俱屬暫時性質，若未經證實，遽予容納，則危險滋多，此其所以需乎實證也。迨證據既經考察，則陳述贊助之，乃吾人之權利也。故如行星軌道爲圓形之假設，在理固較簡單，亦且合乎美感，然以不合事實，故不得不退讓於橢圓軌道之假設。牛頓之

1. Henri Poincaré

光學假設，謂光爲發光體射出之質點，乃一時亦不敵以太波動之說。科學進步之途中，常滿佈已推翻之假設殘蹟。多數失敗之假設，雖途人亦能決定其爲謬誤，其失敗也，非專以事實推翻之，乃用事實證明及導入新發明之另一假設推翻之也。

按穆勒[1]（約翰·斯圖亞特）之言曰，眞正『之科學假設，不能望其永爲假設而不變，惟當與觀察之事實作比較，非證實，卽否證，是則名爲證驗。』穆氏此言，甚有價值，足以堅定不信純粹假設之見解，且足以辨別未證與不能證之設想，及合理之假設，此則一經證驗，卽能成爲確立之學說者也。

參考書目

J. Cox, *Beyond the Atom*, 1913 (Cambridge Manuals of Science and Literature).

R. K. Duncan, *The New Knowledge*, 1905.

H. Poincaré, *Science and Hypothesis*.

E. Rutherford, *Radioactive Substances and Their Radiations*.

F. Soddy, *The Interpretation of Radium*.

F. Soddy, *Matter and Energy* (Home University Library).

Sir. William A. Tilden, *Progress of Scientific Chemistry in Our Own Time*, 1913:

1. John Stuart Mill

第十九章　科學想像力

研究精神生活之心理學，觀其性質，實取法於生理學家及醫學家者爲多。歷代以來，因研究自然科學而及於精神之學者，欲一一道其姓名，已屬難能，卽簡列一表，亦勢必多重大之掛漏。試略述之，則有陸克、拆塞爾登[1]、哈德烈、喀巴尼思[2]、楊[3]、韋柏[4]、加爾[5]、米勒[6]、杜步亞·累蒙[7]、柏爾馬戎第[8]、赫爾姆霍斯、達爾文、陸宰[9]、菲利厄[10]、哥爾支[11]、夢克[12]、靡索[13]、靡脊力[14]、卡盆特[15]、哥爾通[16]、嘿靈[17]、克羅斯吞[18]、詹姆士[19]、札內[20]、克雷普林[21]、夫雷契息[22]、馮特[23]等，觀此可知自然科學貢獻於精神科學之豐富。實則習生理而不及心理，猶未可謂爲完備，必也認識感覺器官之功用，以及知覺與運動之神經，腦筋與其附屬之各部，感情之表現隨神經系發達而生之功能變化，自胚胎形成以至軀體毀滅，自最簡單之物種以至組織最複雜者，皆當知之。

十九世紀之初，法國醫家喀巴尼思，單就神經之組織，辨別人之個性，主張腦筋爲產生思想之器官。然未幾喀氏卽取消此極端唯物之說，而表示其靈體之信仰，謂於肉體之外，另有一不滅之靈魂。故言腦筋爲工具，思想藉此表現則可，謂腦筋卽發生思想之器官則不可。惟其如是，吾人須認定心靈主宰與肉體工具之關係，既極密切，則生理學應注意於精神之現象，而心理學亦不能捨棄肉體而不論。

1. Cheselden　2. Cabanis　3. Young　4. Weber
5. Gall　6. Müller　7. Du Bois-Reymond
8. Magendie　9. Lotze　10. Ferrier　11. Goltz
12. Munk　13. Mosso　14. Maudsley　15. Carpenter
16. Galton　17. Hering　18. Clouston　19. James
20. Janet　21. Kraepelin　22. Flechsig　23. Wundt

因是而有一新科學發生，名曰生理心理學，韋柏弟子費希奈爾[1]（一八六〇年）則稱之爲心物學。

自心之研究與身體功能之研究聯合而後，其研究之問題計有下等動物之智力及其生存價值，兒童之智力發育，老病時之精神衰憊，特種階級或個人之心理稟性等項，今者人類心理學所貢獻於各門人類學或普通研究人性之學者，已爲科學界所公認矣。

馮特·威廉亦由自然科學而兼及心學者，於一八七五年創辦第一所之心物學院於來比錫大學，以實驗方法研究精神上之現象。馮氏發表之宗旨爲剖析識體而求其要素，然後考察此要素，辨其質與量之差別，並精密決定其存在與繼續之條件。故科學既將外界現象——植物、動物、地殼、天體、分子、原子——愼思審察之後，必更以精銳之考察力，深入於思想本體之內部，此卽人類認識一切客體事物之主體作用也。

人類心理之研究，堪爲科學發見之工具，故此學有專門研究之必要，此說或卽本於物理學家丁鐸爾之論文，是文於一八七〇年宣讀於英國學會中，題爲『想像力之科學應用』，文中謂想像力卽物理學說之建築家，並舉牛頓、道爾頓、德斐、法拉第等爲例，說明此思想創造力之正當應用，又引某著名化學家之言，以明科學發見之智力作用，與美術作品相同。丁鐸爾更就心理學方面言之，謂吾人所以能知其他動物皆具智力者，賴乎想像力之運用而已。又曰，『汝在社會之中，自信周圍之理智動物，

1. Fechner

皆與汝同……汝以何者擔保此信仰爲眞實乎？可擔保者惟此：即汝周圍之動物，其行爲一若彼有理智是已。」

丁氏以自然哲學家而攻入精神科學之疆域，其見解之精到，高人一等，後之心理學家雖步其後塵，而終莫能望其項背。在物理學史中，自培根以熱爲某種運動之假設（一六二〇年），迄於丁鐸爾所著熱爲某式運動[1]（一八六三年）一書，其間經過長期之研究，今在心理學方面，其情形自必與前者相同，在科學發見之心理作用未得確立方式以前，亦必經過多次之研究無疑也。丁鐸爾與他科學家所稱之科學想像力，實含有直覺、感悟、良知之義，即理智亦包含在內，觀丁氏之書可以證之。

最近五十年間，以實驗方法進行研究之感覺要素，如眼、耳、鼻、舌、身、意等識，以及運動、寒暖、內部之感覺，驟視之似已足明瞭想像力之本性。視覺影像或精神影像，普通皆作爲想像作用之特性，實則著名心理學家詹姆士·威廉所研究之想像力，全部皆注重於各式影像之討論。惟意識之感覺要素含於知覺、記憶、意志、理智、情感之中，而知覺情感等又含於想像力之中。知覺情感等古來咸以根本目之。蓋人無知覺，則智慧無主宰。

個人與團體之心理，在影像之種類及精神上，絕然不同。按諸記載之事例，多數精神生活，幾專恃乎眼識、耳識或身識者。如某學生習外國語，能將字句一一書出；又一則全恃乎耳識之辨音；第三人則

1. *Heat as a Mode of Motion*

能回憶印刷之一頁影像活現猶同照像。在文學史及美術史中，觀像力特強之例，不一而足。昔有布來克[1]及夫洛蒙湯者[2]，能追想記憶已久之景像。夫氏自言，彼所作之書與其所見者略異，惟以美術言，不遜於原圖，蓋記憶之影像，已經過一番選擇之功矣。[3]威至威士每將所見風景，故意延待後日，然後以詩寫之，冀模糊其界線而增加其個性之表現。歌德能隨意想像某花之形狀，任意變換其顏色，而呈現於心目之前。[4]底爾祺教授嘗採集文藝家觀想清晰之事例，記錄甚富。

在另一方面，則有哥爾通者，以精神想像力作分類之研究（一八八三年），嘗謂有一類科學家，觀想之力甚爲薄弱。哥氏所採集觀想回憶力之證據，皆得自著名科學家，因哥氏以爲彼輩所述內省之結果，較他人爲正確也。氏所諮詢之人，除英人外，兼及國外科學家，法國學社之社員亦在諮訪之列。哥氏有言，『余初訪問各科學家時，余甚驚異，蓋大多數人皆不知觀想爲何事，彼輩視余若甚奇特，以爲『觀想』一詞，何意有如余所信人人皆知之義。彼輩所得觀想本體之意義，正與色盲之人，未知其有色盲之症，而所見顏色之本質相類。』有某科學家則自承惟用比喻之法，始能將其回憶所得之影像，爲心目所觀見者而描述之。

哥爾通在普通社會中，每以此問其所遇之人，則覺各人所得，『性質全異。有男子多人及大多數婦女，多數男孩女孩，皆自言常見精神的幻像，彼輩觀之頗爲明晰，且色澤瀰滿。』此即平均著名科學

1. Blake　2. Fromentin　3. Wordsworth　4. Dilthey

家與平均普通社會心理差別之證。哥爾通以為此種差別，由於科學家『注重抽象思想之習慣，尤以按步推理之時，全仗文字為符號之一事為甚。』

科學思想之成功全在乎應用文字為符號。人類因合作故，遂得致力於創造，而合作之程度，苟無文字為傳遞思想之具，亦不能深造。吾人若無文字之助，則必如下等動物然，全賴乎輕浮之事物影像。且將束縛於感覺之世界，而無與於思想之世界矣。夫文字乃思想之自由媒介，以此之故，文字之意義可以移易，亦可以推廣。例如吾人可言蘋果因重而下墜，亦可易以同義之字句，使吾人得以普遍之見地觀此下墜之果。吾人之心力從文字中得一活動之場所，與客觀之世界不相連屬。吾人在前數章中，已見幾何之發達，漸脫離測量之術而自成一科學。其後三角長方諸形，皆不及草地果園等一類確定之影像，而專論其抽象之關係。蓋科學所需要者，乃觀念而非感覺也。原子微子等不可見之眞實世界，皆肇始於理智與文字。於觀念之世界中，創立新理者，乃具特殊理智之思想家應有之特權也。

文字之本身當然亦可以影像視之，有若干人能觀見一一所說之字形，一若印刷紙上者；亦有回憶一段語言，非想像語音之器官動作，甚或非聯想開端之語不可者；亦有兼及書寫之動作影像者。頗有多人認識各式之字體，須賴聞覺之影像者。一切思想凡有影像隨之而起者，皆是想像。其能使吾人完全避去原始之想像者，惟恃文字之用而已。印刷之字句可以直接傳遞其意義而入有訓練之心目，故見之者，認作符號者有之，認其白色上之黑色意義者甚鮮，蓋精神經驗使之然也。文字之代表事物影像，其能力各有不同。如『生存』二字，產生影像之力不逮『花』之一字而『花』之力又不逮『紅玫瑰』三字。科學文字之特點，卽以抽象概括之辭替代實質有像之字。

觀上所述，則所謂想像力爲一切科學大發見之根本，所謂公律之發見卽創造想像力之特殊功用，所謂各大科學家，在某種意義中，卽係大藝術家者，顯然與前說相矛盾。然則以嚴格言，想像力應隸屬於思想之何部，始較屬於科學爲適當乎？曰有創生心理學者，以推求心之發達爲事。其考察者，爲各種昆蟲維持其生存之本能。此外又研究較易改變之鳥類本能，並注意其根據經驗之選擇能力。鳥之認識能力，足以表示其具有記憶力與想像力乎？其他物種惟增加其智力，方能永久生存於新奇而不可預測之環境中。記憶力愈強，則影像之供給愈富，而適應與生存之能力亦愈大。吾人關於齧齒動物及馬類之動作記憶力，已略知其生物學上之價值。兒童所遺傳者，甚可確定組織之本能，惟模仿力則強於下等動物。其精神生活乃是影像紛擾之生活。教育之工作，在乎訓練培植其知覺，教之以形式與顏色，灌輸以數目、重量、計量之眞義，助其辨別夢境與實境之不同，授以語言文字，以及歷代相傳之學術府庫，及與文字正當應用有密切關係之名學。由反常之事實，及動物與兒童心理學之事實，可以證明想像與幻想皆隸於智慧，此事實智力發達之主因也。

科學發明家之智力運用，自未必完全不同於其他之人類；惟以科學推理與美術作品之不同，乃強欲求其相似之點，則結果惟入於昏亂而已。美術家之目的，在求神情之表現。[1]馬克柏司之作者用盡種種方法，使觀者皆覺兇殺之慘；一語一景無不悽惻，欲絕蓋所以增加其情感也。[2]度勒之畫，[3]勃勞寧之詩，處處皆有勇敢果決之情感。又如作風景畫者，欲求畫品愜意，必須使綠色之水，黃色之堤，赭色之葉，佈置各得其宜，庶可表其活潑常存之情感。至於美術家而欲以個人之風格施之於他人，冀科學發見家創立一公律，適用於智識界中，則此種論調，甚非藝術家之態度所應有也。

在今日之心理學中，頗有可以追憶亞理斯多德之生物心理學者。按亞氏之說，生物之初，有一原始滋長之靈魂，此物僅具長養生殖之功能，由此漸漸發達，遂成知覺之靈魂，於是運動感覺起矣。最後乃成智慧理解之靈。此三者非互相包容者，惟低級之靈爲高級之先兆，亦含攝於高級之中。然亞理斯多德不以低級釋高級，而以高級釋低級。亞氏之高深理想極似揣測之辭，或者爲專據事實之談，或者由感情激動而起，或者爲盲目本能之工作，數者必居其一，然此非偏重科學發明家而輕亞氏也。

科學發見，苟其側重於智力者，常隨各科學現象之本性而異，亦視發見者個人之精神爲差。如上所述，在科學發見之心理學方發軔之初，自必經過長期之研究，惟有若干事料，則已採獲。大算學家傍卡累氏，自謂彼之發見出於良知。根本觀念之來，如見光明，一切了了。其特異之點，在倏忽不測，簡要不

1. *Macbeth*　2. Durer　3. Browning

，繁決定無疑之三端。當其躑躅街心，或散步懸崖，或牽裳登車，而思潮之來，不報於先。時則所發見之問題，抛置度外，閱時已久，乃一旦豁然，迎刃而解。傍氏之意，以爲理論上之困難，所以猝然解答之故，要由事前之涵泳既久，於不知不覺之中，已下一番功夫所致也。

此等記載得諸天賦優異之人者甚多。當發明家獲得其問題之解法時，其心思似常盤旋於問題之中，此久求不獲之觀念，當其來時，如有神感，祇可任其自然，非人力所能致。一切精神作用，未有若此之可敬者；然亦未必爲不可解釋之事。此科學觀念，正與道德上之內觀或靈魂之光耀同，求者應之。夫叩聲已止，而後門闢，呼喚將忘，應聲乃至；工作既畢，發見隨來，其理正相若也。觀科學史而知神感之來，惟工作者獲之，新觀念之成，自舊觀念得之。

而更有進者，光明之觀念得於專心工作時而來，亦得猝然而至，不依正軌，明乎此，當更可減少發明步驟之玄祕。此智慧之自然發生，可爲科學發明的祕密之又一信徵。說綺語者，聽者固驚其巧思，而說者亦且自奇，蓋因觀念之來爲語言之影像，及至字音說出，其意義乃完全顯現。在科學發明家，其問題之解決，往往起於用力最弱之時，此事與普通之經驗，如追想一名字，因用力甚專，而反致妨礙自然之聯想，正相反而相通。

對於科學想像力之作用，每有重視過當之趨勢，此或由於以想像力爲心理過盛之誤解而起，所謂心理過盛，意卽精神生活上之奢華品，在能善用之者，固不能禁止之也。此心理過盛之觀念對於美術之想像，頗有深意。在生物學中美術天才之功能，詹姆士且未能瞭解。巴爾福氏[1]近曾根據於已證明無用之此部心智，辯明靈魂不滅之說。然又有一說，與巴氏相反，謂創造科學原理及爲後世謀世間之福者，全在此想像之力也。

參考書目

Baldwin, J. M., *History of Psychology*, 1913, 2 vols.

Dessoir, Max, *Outlines of the History of Psychology*, 1912.

Klemm, Otto, *A History of Psychology*, 1914.

Merz, J. T., *History of European Thought in the Nineteenth Century*, vol. II, chap. XII, On the Psycho-physical View of Nature.

Rand, Benjamin, *The Classical Psychologists*, 1912.

Ribot, T. A., *English Psychology*, 1889.

Ribot, T. A., *German Psychology of To-day*, 1886.

1. Balfour

第二十章　科學與民治教育

教育者，從某種道德社會之觀點，督察幼稚之發達，而為之引導者也。故教育學者，一部分根據於心理學——如吾人在前章所見此學與生物學關係甚切——一部分根據於道德學，卽研究修身之學，與社會科學有密切之關係者。此教育之二方面，心理學與社會學，在盧梭[1]之愛彌爾[2]及柏拉圖之共和國[3]中，分別論之。盧梭之書，辭意艱澀難解，關於教育之社會方面，特指定柏氏之書為讀者之參考，全書專論各個兒童體育智育之發達，極為詳盡。盧梭將民族性與國民性之問題，故意擱置不講；盧乃主張世界主義者，故明白拒絕為法國或瑞士計畫教育之意。然亦不欲講論自由不受束縛之野人教育。氏所願詳述者，惟一自然人在社會中發達之情形；氏亦注重於本土遺傳之學問，故對於柏拉圖之共和國一書，頗為欽佩，嘗稱之為社會教育學之一大經典。二書標題，一則取一小孩之名為名，一則取政體為名，足使吾人知其用意與範圍。

柏拉圖之思想集中於雅典教育與道德之需要。柏氏深知雅典少年缺乏正義之維繫，致民風漸趨於腐敗。氏乃根據於理智之基礎，力謀恢復社會義務與責任之義趣，此在雅典昔日本安立於天神

1. Rousseau　2. *Emile*　3. *Republic*

之信仰者也。柏拉圖本守舊家常希望恢復古代雅典人對於責任道德之尊重心，且甚欣羨敵邦斯巴[1]達以人民隸屬國家之教育。柏拉圖教育學之特異點，在教育領袖階級之計畫，使此輩皆感受其哲學與道德之觀念。柏拉圖實一智識界之專制者，其論民治主義，語多譏誚，茲錄其原句示之：——

「貧者既征服其敵人，遂行使民治主義。……今試問彼輩之生活狀況爲何如，彼輩之政體爲何如？政體既變，則人亦隨之。……第一步，彼輩不自由乎？否，全城之中皆充滿自由——人人可隨所欲而爲之。……凡得自由之處，人人果能隨其所好以度其生活乎？……在此等國家中，人民品性最繁多而不一乎？……若此則此國必將爲最優秀之國家，表面上自爲最優秀，飾以人類之禮貌品性，猶如錦繡之袍飾以各種花卉然。婦女孩童惟斑駁陸離是喜，彼多人皆視此爲最優秀之國家者，其識見何異於婦豎。……彼輩所憎惡之清淨恬靜，豈不足樂乎？在此種政府之下，設有人受死刑或流刑之處罪，彼輩猶能安居其所，或遊覽世界；彼受罪者昂然舉步，狀若俊傑，如入無人之境……試觀……德謨克拉西之寬大精神，不拘小節，不重吾人所嚴奉之義理……吾人之字句，彼則踐之以足，從不思及政治家所應爲之事，凡自認爲人民之友者，則起用而褒奬之。……諸如是類，皆是德謨克拉西固有之特點，此即優秀之政治，形形色色，毫無秩序，予平等者以平等，不平等者亦若是。……今試思……其個人之爲人何如……則惟終日閒居，無所事事；時而酣飲，時而淫狎；繼則禁絕一切，身軀羸弱；繼又勤習體操，強其

1. Sparta

筋骨；時則閒遊，摒棄世事，繼又度哲學家之生活；時則談論政治，忽有所思，則踴躍而起，言之行之；見人爲勇士，以爲不及，則忌之，轉而至他，自爲商人，如是者蓋屢屢也。其生活無秩序無規則；彼則如是繼續行之，名之爲快樂爲自由爲娛悅。誠然，彼之生活誠自由矣，平等矣。誠然，……形式繁多，品性亦至不一；……吾人所稱爲優秀文飾之國家，彼固適合之。……彼果能起而反對民治主義者，斯眞可謂爲民治之民矣。」

此節語氣極譏諷之至，乃是反對民治之批評。民治主義本是民衆征服寡頭政治的勝利品。其施行公正之處，頗爲寬大。正所以表示偉大之精神，非刻薄褊狹斤斤小節者比。且崇尚平等，不尚專制。在民治政府之下，人民皆得享受快樂、自由、平等之福。民治教育之特點，在較其他爲適宜。

十九世紀中有亞諾爾特·馬太[1]者，民治教育之信徒也。氏嘗研究美國之文化，乃無意間證明柏拉圖見解之數點，同時亦證示其差異之點。亞氏對於美民之建設，以及堅實之社會狀況，自由、平等、富、強諸端，甚爲欽羨。見美國房屋建築之樸實，美國婦女自由歡樂之風韻天然，更足爲文明發達之徵。亞氏覺其本國可取法其美國者甚多，惟亞氏並未閉目一思民治國家所蒙之危險。亞氏在剖解美國之文化時，惜未能將柏拉圖所謂民治國家，民性駁雜不一，又所謂民治國不重道德之說，予以考覈耳。實則亞諾爾特所見之美民，乃和諧純一之民，無階級之差別；故其言曰，『吾國人（指英人）殊欠均勻，

1. Matthew Arnold

吾人之生活，階級制度甚爲嚴密，吾人之心智每爲所束縛，爲所欺罔；因是吾人缺乏光明坦白之誠，所見不明，所思不正，美人之優於吾人者多矣。』亞諾爾特與柏拉圖又有一差別之點，亞氏認淸美國人民隸屬於社會中之一大階級，此中人物大多品行端正，道德觀念特別發達者。

古人反對美國之民治主義，綜言之不過一語——卽缺乏鎭靜理智之自省功夫——此普遍之弊病，未幾卽行改善。其一部分由於慈善仁恕之懷，此可於公共場所見之；且美人階級不分，無崇拜偉人之心；普通之人皆得受人讚揚，又乏特殊教育之機會，以造就天才特高之兒童。以批評爲藝術，美人終不逮法人之優。試比較兩國文學之批評，可以知之。在法國，此項職業另由一組專家任之；在美國則僅有極少數之高等雜誌，始有根據評判原則之批評文字，如關於散文詩詞等。（某美國評論家自承一日之內，作新書評論多至二十篇，每篇得金七角五分，蓋純爲報酬計耳。）

然以個人論，美人之自省精神，未見有缺乏之實證。亞氏以爲此種精神殊爲重要，蓋民治教育之標語卽是自省也。亞氏又言，習外國語並非在社會上獲利之問題，亦非僅出於智識上之好奇心。其言曰，『教育之眞義，乃發源於愛好完善之心。其衝動之力，不僅爲求獲純粹智識之科學的願望，亦爲作善之願力。』至善乃是教育之原素，然此爲內部之情狀，此作善之志願，必須有良好方法之智識爲之引導；『作爲與建設，苟非知其何者當作，與如何當作，大抵無甚應用。』再者，『人旣爲全人類中之一分子，且以有同情心故，任何一人不能不顧全其他，故吾人人道主義之發展，以謀適合教育所成之至善思想者，必爲普遍之發展，決不能局於一隅者也。』

與亞諾爾特同時者，有代表貴族政治之德人尼采。[1] 尼采之說，謂教育發展，至後必漸收縮。以尼采之意，惟古代之希臘，乃爲教育之正宗，此種教育非後人所皆能受者。又言才人之權力決不能成民治化；吾人所應求者，非羣衆之教育，乃一二特出人才之教育。教育有一事爲教育所應竭力完成者，卽是遏止各憑己意之種種邪說，且須誥誡青年，應服從才能之人而尊崇之。科學家與教育家，乃屬於完全不同之二大類者，雖以一人兼之，亦終不能融洽者也。

欲從民治主義之觀點，明瞭尼采教育見解之不合於正道，必先知其政治之觀念。尼采否認普通之道德觀念，稱之爲奴隸式之道德，彼所崇尙者，則爲主人式之道德。按尼采之意，奴隸式之道德足以鼓勵人道主義之毀壞；惟主人之道德，乃能促進之。尼采提倡之主義，乃一眞實之貴族主義，爲產生超人種族之最善方法。『尼采不贊成「生活、自由、快樂等之權利，人人相等而人人皆有」，如今日所盛唱者（若如是，則愚笨之人及奴隸下賤勢必擡高身價，而忠實多才者，皆將抑低）。彼所主張者爲簡

etzsche

反之一端，則爲低劣之被治階級，而以奴隸爲最下。」

科學爲民治主義之同志，此語即彼貴族哲學家對於科學之見解——亦即科學史中處處表白之見解——故吾人可更觀其對於科學家性情之意見，亦至有興味之事也。在尼采以爲科學家非超人之英傑，不過一尋常地位之人，其才能亦不過尋常而已。科學家缺乏統治力、威權及自信力；彼必須有人識拔之，獎勵之，且彼具有不信任自己之習性，大凡依賴性之人及羣居之動物，皆有此性。科學家操作極勤，能忍居人下，適宜於階級之社會，其氣質寬和而寧靜。彼輩對於性情相同之人，及人民所需要之事物，頗具熱忱。對於人所稱頌之見解，彼非常淡漠；且以秉性中庸，故常嫉妬才能特出之人，每欲設法毀之。

凡人一受自然科學之陶冶，即成爲客觀之人。在尼采之意見，客觀之人往往不信任其自己之人格，反擯棄之，以爲此足以損害其鎮靜之判斷力者。此狂妄之哲學家，又謂科學家頭腦固極鎮靜，然其鎮靜非由無煩惱，故正以其不能處置其一己之私憂也。按尼采之意，科學家之智識，乃乏味之智識。科學家之情感非常貧乏。其愛情亦有限，其怨恨皆屬故意造作，其見好於婦女不逮戰士。『其煅煉如明鏡之心靈，不辨何者爲是，何者爲非；彼無命令人之能力，亦無破壞之能力。』例如來伯尼茲，彼於一切事物，無鄙棄之心。科學家乃工具而非目標；彼略似一奴隸，自己毫無主見。科等家無勇敢、堅強、自信之德，不足以爲主人，彼輩大半爲無成見無我見之人。

此種教育之產物，在主張近世貴族主義者固鄙棄之，然吾人則方且尊之爲民衆之同志，而稱之爲民治主義之教育也。

同時客觀之人讀尼采之書，可以知其誥誡與評論之價值，雖主張民治之人亦不當忽之。尼采之學說固已趨於極端，且多不合於常理，然對於與此相反之又一極端派，正可藉此說以糾正之。且倡言民治者，但知其說之可貴，反因此而犯墨守之弊，今觀尼采之說，可使吾人更進而求最善之方。例如美國有三十萬人智力低劣，咸屬中下之資，其天賦特優者不過極少數人。此實社會之病象，蓋智力低劣者，必耗盡科學之產物，慈善之財力，以救濟之；然在智力高超者，則未嘗有額外之供給以抵此損失。所謂高才者，不過廢棄而不得其用之大材耳。設若牛頓早年即投身於行政界中；又若達爾文在秘魯時，見礦工之慘狀，遂即致力於其待遇之改良；又若巴士特不入試驗所，不研究純粹科學，而執醫師之業，則一切文化不將大遭打擊乎？又若今之又化，廢弃偉大之文學、美術、哲學，不顧歷史及以往之文字教化，一若方自昨日肇始者，則民治主義亦決不能安立也。

本章所論民治主義及民治教育，係根據教育著作家三人爲立足點，一爲希臘之貴族主義者，一爲德國提倡貴族專政者，一爲牛津大學之教授，各人之學術品性類多相反。著者本可採用直捷之論述，以提倡科學爲社會與教育之基礎，其餘邪說，一概不列。惟按當代某文學家言，在高等文學中每留若干地位，兼述異說。彼又言歐洲之大著作家大都各自立說，無有信從往代之信仰者。（彼謂惟拉辛[1]則否：按拉辛少時本受業於保皇派之學者，既而反其師說，主張世界主義之道德，嗣又變更其學說而回復其少時之宗教信仰，遂著 Esther 及 Athalie 二書）。但科學研究不同於文學本無門戶之見。居科學界之前列者，計有誠篤之羅馬舊教徒巴士特，英教徒達爾文，一神教徒普利斯特利，加利非尼教徒法拉第，奎克兒教徒道爾頓，楊氏，力斯忒，不知派信徒赫胥黎，及異教生物學家亞理斯多德可知科學無宗教之別也。

科學之教化足以促成一博大之文化，爲民治而非專制，同情而非嚴酷，宏博而非狹隘。從事於此者、有商人，有工師，有異教徒，合力以促進之發展之，觀此益信前言之非妄矣。吾人已知巴士特之父爲製革匠，普利斯特利之父爲織布匠，道爾頓之父業紡紗，籃伯之父業縫衣，康德之父爲馬鞍匠，瓦特之父爲造船匠，斯密之父爲農夫，累・約翰與法拉第同爲鐵匠之子，朱爾業釀酒，德斐、社勒、杜馬、巴拉得、來比喜、味勒、以及其他許多著名之化學家，皆係藥店中之學徒。佛蘭克林爲印刷匠，同時在科學史中，其他各階級亦各有其代表，如波義耳、卡汾狄士、拉瓦節等。此輩醫家與醫家之子，在物質科學及精神科學之發達中，尤有特殊之貢獻。尼采所提倡之行使威權與統治羣萌之本能，在此等科學家之心中，

1. Racine

已屈服於忍苦、勤勞、慈善、等美德之下矣。以論彼輩事業之成效，則利益於羣衆之身心者，非可以數量計，是於提倡科學之民治教育，又足以證其學理之健全與價值之高矣。

本章開端有言，教育者從某種道德與社會之觀點，督察幼稚之發達而爲之引導者也。教授之材料，教授之方法，教育之制度，隨兒童之賦性、年齡、或社會之需要而異。在民治主義方興未艾之國，教授之科目，自當與人民之幸福與文明之進步，有重要之關係。同時教授之法，當避去獨斷之惡習，而增進(管理宜放任不宜專制)兒童各個之判斷能力；當由被動之訓練，漸變爲自動之研究。以上所述改良諸端，在美國早已施行。至於教育之制度，美國約在十八世紀之中葉，採用密爾頓制，爲不信英國國教之一派，課程中列有科學，遂以此制代舊時之拉丁文法學校。其後乃有美國高等學校之設，此類學校，今有學徒百萬以上，其教授科學，用試驗室之方法，今已成最通行之中等學校矣。當十九世紀之中葉，俄民起而革命，於是俄國之幼稚園遂被禁止。幼稚園制最適宜於民治之國，故在美國此制特盛。此亦社會狀況影響於教育之證。幼稚園之教育，在發展兒童之自動能力，同時顧及於適應社會之需要，故其教授科學極有系統，一方面注意於日常之工作，而又一方面則兼及於歷史與文化之源流焉。

參考書目

Matthew Arnold, *Essays in Criticism*, and *Culture and Anarchy*.

Matthew Arnold, *Civilization in the United States.*

Friedrich Nietzsche, *On the Future of Our Educational Institutions*, vol. VI, of the *Complete Works*; translation edited by Dr. Oscar Levy.

Friedrich Nietzsche, *Beyond Good and Evil*, vol. V. Chap. VI, of the *Complete Works.*

Plato, *Republic*, Book VIII; vol. III, of Benjamin Jowett's Translation of the *Dialogues of Plato*, 1875.

敬啟

『民國專題史』叢書，乃民國時期出版的著名學者、專家在某一專題領域的學術成果。所收圖書絕大部分著作權已進入公有領域，但仍有極少圖書著作權還在保護期內，需按相關要求支付著作權人或繼承人報酬。因未能全部聯系到相關著作權人，請見到此説明者及時與河南人民出版社聯系。

聯系人 楊光
聯系電話 0371-65788063